KB273133

아이의 평생을 지켜 주는

빠져드는
우리 집 독서

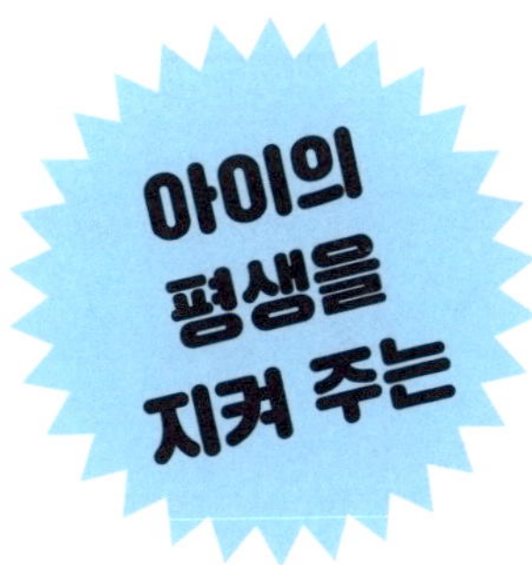

빠져드는 우리 집 독서

사사누마 소타 지음

이정미 옮김

i-Scream media

다가오는 시대를
살아갈 너에게

네가 걸어갈 길에는

기쁜 일도 있겠지

힘든 일도 있겠지

항상 곁에서 기쁨을 나누고

힘들 때는 곧바로

손을 내밀고 싶지만

평생 그럴 수는 없을 거야

그래서 네게 가르쳐 주고 싶어

책 읽는 방법을

책은 항상
네 곁에 있어 줄 거야
어떤 때든지
이야기를 들려줄 거야
힘을 줄 거야
지금을 살아가는 너의
든든한 편이 되어 줄 거야

책장을 넘기면
처음 보는 세상이
펼쳐져 있단다
글자 속으로
이야기 속으로
뛰어들어 보자

모르는 단어를 만나 당황하거나
빽빽하게 늘어선 글자를 보고
어쩔 줄 모르는 일도
있을지 몰라
재미가 없을 때도
있을지 몰라

그래도 약속할게

한번 독서의 매력을 알면

너는 푹 빠져들 거야

책장을 넘기는 일이

즐거워질 거야

다음 책을 집어 드는 일이

기대될 거야

읽으면 읽을수록 책의 세상은 넓어지지

네 생각보다도 훨씬

세상은 넓고 깊고 흥미롭단다

자, 문을 열어 보자

넓은 세상에서 너는

다양한 생각을 가진 사람들을 만나겠지

기쁨과 풍요로움, 슬픔과 답답함을 느끼겠지

지식과 지혜, 그리고 살아갈 힘을 얻겠지

끝없이 펼쳐질

책의 세상을

마음껏 누리자

책에는 너를

행복하게 해 줄 힘이 있으니까

책은 항상

너와의 만남을

기다리고 있단다

책에는 너를

행복하게 해 줄 힘이 있으니까

1장
아이의 인생에 독서라는 동반자를

4장
독서 의욕을 이끌어 내는, 빠져드는 계기 만들기

5장
독서가 자연스럽게 습관이 되는 환경 만들기

일러두기

- 본문 속 '책 선택의 기준'은 일본 출판물에 기반한 것으로, 국내 환경과는 차이가 있을 수 있습니다.
- 국내와 일본에서 모두 출간된 도서의 경우, 국내 출간물로 소개했습니다.
- 본문의 각주는 모두 옮긴이 주입니다.
- 본문의 욘데미 선생님과의 채팅 이미지는 실제를 바탕으로 가공한 것입니다.

안녕하세요. 아이들이 책에 쏙 빠져들게 만드는 온라인 독서 서비스 '욘데미'를 설립한 사사누마 소타입니다.

이 책을 펼쳐 든 여러분은 아이가 책을 읽었으면 좋겠다고 생각하는 보호자일까요? 혹은 교육 관련자이거나 도서관 사서일지도 모르겠습니다. 우리의 공통점은 아마 **'아이가 독서를 통해서 더 행복한 삶을 꾸려 나가면 좋겠다'라는 소망일 것입니다.**

'독서 서비스'를 만든 계기

저는 욘데미를 구상하기 전에 초등학생 과외를 했습니다. 그때 모든 보호자분들이 꼭 하는 질문이 있었습니다.

"선생님은 어떻게 책을 읽게 되셨나요?"

이로 인해 **아이가 책을 읽었으면 좋겠는데, 어떻게 해야 할지 모르겠어서 고민하는 집이 생각보다 많다는 사실을 알게 됐습니다.** 거기서 아이디어를 얻은 저는 독서 과외를 해 보기로 마음먹었습니다.

구체적으로는 '책을 거의 읽지 않는' 네 명의 아이에게 각각 주 1회, 총 4회의 수업을 했습니다. 이 아이들은 처음부터 독서에 대한 거부감이 무척 강했고, 그중에는 거부감을 극복하기 위해 따로 전문 학원에 다니는 아이까지 있었습니다.

이 아이들을 위해 제가 한 일은 독서의 매력을 느낄 수 있도록 세심하게 돕는 것이었습니다. 알맞은 책을 고를 수 있도록 옆에서 지도하고, 책의 재미를 알려 주었습니다. 그렇게 '독서에 빠져드는 법'을 아낌없이 가르쳤습니다. 그러자 아이들에게 금세 변화가 나타났습니다. 결국 네 명 모두 스스로 독서를 즐기게 됐지요.

저는 이 경험 덕에 확신을 얻었습니다. 바로 **아이가 스스로 책을 읽게 하려면 독서에 빠져드는 법을 가르쳐 주는 선생님이 필요하다는 확신이었습니다.**

독서에 빠져드는 법을 전국의 아이들에게 가르치고 싶다고 생각한 저는 2020년 4월 도쿄대학교 재학 중에 친구들과 함께 주식회사 욘데미Yondemy를 세우고 아이들이 독서에 빠져들게 돕는 온라인 서비스, '욘데미'의 문을 열었습니다.

욘데미의 독서 교육 시스템을 이 책 한 권에

저는 욘데미를 운영하면서, 독서에 익숙하지 않았던 아이들이 책과 친해져서 하루하루를 풍요롭게 즐기는 모습을 봐 왔습니다. 그러면서 다시금 실감했습니다. **'독서를 즐겁게 배우면 누구라도 독서에 빠져들 수 있다.'**

2024년 4월 회원 수 누계 1만 명을 넘긴 욘데미에는 아이들이 독서에 빠져들도록 하는 시스템이 다양하게 갖추어져 있습니다. 이 책에 그 수많은 시스템을 담았습니다.

우선 1장과 2장에서는 독서가 아이와 가정에 가져다주는 장점, 독서 습관을 들이기 어려운 이유, 독서를 하게 되면 아이들이 어떻게 달라지는지 등을 이야기합니다.

이어서 3~5장에서는 아이가 책을 좋아하게 만드는 구체적인 노하우를 소개합니다. 3장은 '취향 저격하는 책 고르기', 4장은 '독서에 빠져드는 계기 만들기', 5장은 '독서 습관을 가지는 환경 만들기'를 다루고 있습니다. 독자 여러분에게 당장 필요한 장부터 읽고 실천할 수 있습니다.

욘데미에서는 인공지능 '욘데미 선생님'이 아이들의 선생님입니다. 그러나 **이 책을 읽고 나면 분명 여러분이 독서 선생님이 될 수 있을 것입니다.**

독서에 빠져들고 나면

독서가 아이의 생활에 스며들면 집안 분위기도 달라지고 아이와의 관계에도 변화가 나타나기 시작합니다. **동영상 보는 시간이 줄고 대신 책에 대한 즐거운 대화가 오가는** 집도 있었고, 아이가 책을 너무 좋아해서 **보호자가 "넌 또 책만 보고 있니!"라고 잔소리하는** 집까지 있었습니다.

이렇게 아이 때 독서 습관을 익히면 그 후로 어떻게 될까요?

이런 아이는 어른이 되어서도 필요한 때 필요한 책을 골라서 필요한 만큼 읽을 수 있게 됩니다. 그리고 **독서를 인생의 무기로 능수능란하게 활용할 줄 알게 되지요.**

참고로 제가 독서에 빠져든 것은 초등학교 2, 3학년 때였습니다. 마음에 드는 책 한 권과 만난 것을 계기로 불이 붙어, 잠자는 시간도 아까워하면서 독서에 열중하며 친구와 경쟁하듯 많은 책을 읽어 댔습니다. 제 곁에는 항상 책이라는 존재가 있었습니다.

이 같은 독서 경험이 있었기에 독해력, 상상력, 사고력 등이 길러지고 더 넓은 세상으로 발을 내디딜 수 있었다고 실감합니다. 도쿄대

학교에 한 번에 무난하게 합격할 수 있었던 것도, 대학교 재학 중 친구들과 함께 욘데미를 설립할 수 있었던 것도, 지금 경영자로 열심히 살아갈 수 있는 것도 모두 독서 덕분이라고 생각합니다.

저를 포함해 욘데미의 창립 멤버들은 모두 어릴 때부터 독서를 무엇보다도 사랑했습니다.

'독서가 없었다면 지금의 나는 없다.'

다들 진심으로 그렇게 생각합니다. 책의 도움을 받고, 책에서 힘을 얻으며 살아온 경험이 현재 활동의 기반인 것입니다. **이처럼 독서를 좋아하게 된 아이의 세상은 더 넓게 펼쳐집니다. 어른의 상상을 아득히 뛰어넘어 평생, 계속해서 넓어집니다.**

아이가 독서에 빠져들어 세상을 개척하는 능력을 익히는 데 이 책이 조금이라도 도움이 된다면 그보다 더 큰 기쁨은 없을 것입니다.

자, 독자 여러분도 아이와 함께 독서에 빠져 봅시다!

사사누마 소타

욘데미 레벨별
추천 도서 100권 목록

100권 중 고르기

아이와 잘 맞는 책 한 권을 찾아내도록 도서 목록(22~27쪽)을 마련했습니다. 도서 목록은 욘데미 레벨(YL)로 구분되어 있고 다양한 장르에서 선정되었습니다. 레벨과 장르를 기준으로 아이에게 알맞은 책을 찾을 수 있습니다.

100권 너머를 향해

마음에 드는 책을 발견하면 같은 작가나 시리즈, 또는 키워드의 책을 읽는 등 점점 가지를 쳐 나갑시다.

욘데미 레벨이란?

욘데미의 자체 분석으로 만든, 책의 난이도를 나타내는 지표입니다. 숫자가 클수록 어려운 책이라는 뜻입니다. 자세한 내용은 Tips 02(78~80쪽)를 참고하세요.

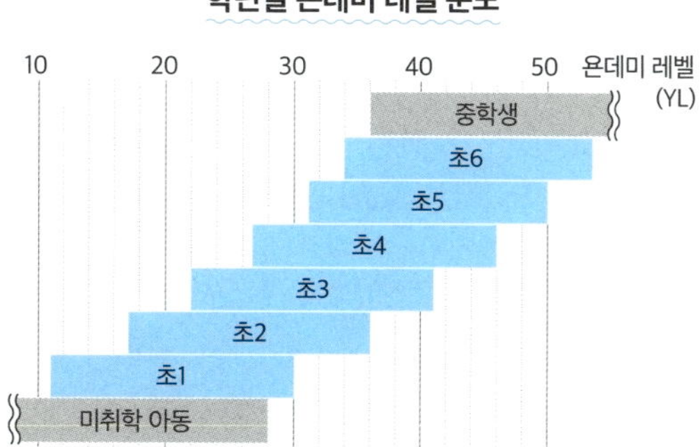

난이도 분석

책의 문장을 데이터화해서 욘데미의 독자적인 프로그램으로 해석해 YL을 산출합니다. 책의 분량을 나타내는 글자 수도 더해 책의 난이도를 판단합니다.

내용 분석

욘데미에서는 책의 내용에 대해서도 자체 분석을 기반으로 한 데이터를 작성합니다. 분석 항목은 200가지 이상이며, 이어지는 도서 목록에서 볼 수 있듯이, '모험', '친구' 등의 키워드가 있습니다.

번호	YL	제목	작가	출판사	키워드
		욘데미 레벨(YL) 10~			
1	12	너구리의 비밀	가토 야스미	분케이도	판타지, 신비함, 음식
2	12	실수 닌자	아라이 히로유키	고단샤	덜렁이, 훈훈함, 웃음
3	12	무리 📖*	히로타 아키라	현암주니어	반복, 다양성, 즐거움
4	13	작은 양파	세나 게이코	긴노호시샤	싸움, 용기, 음식
5	13	윌리엄, 일어나다	린다 애쉬먼 글, 척 그로닝크 그림	리틀 브라운 북스 포 영 리더스	훈훈함, 잔잔함, 동물
6	14	판다 목욕탕 📖	투페라 투페라	노란우산	동물, 즐거움, 웃음
7	14	은지와 푹신이 📖	하야시 아키코	한림출판사	모험, 친구, 사랑
8	15	바무와 게로의 일요일 📖	시마다 유카	중앙출판사	동물, 친구, 평온한 일상
9	15	고 녀석 맛있겠다 📖	미야니시 타츠야	달리	공룡, 사랑, 아빠
10	15	우리는 단짝 친구 📖	후쿠자와 유미코	한림출판사	훈훈함, 친구, 음식
11	16	오뎅 온천에 가다	나카가와 히로타카 글, 하세가와 요시후미 그림	고세이 출판사	가족, 물건 세상, 음식
12	16	작은 심술쟁이	베스 브레이큰 글, 제니퍼 A. 벨 그림	픽처 윈도 북스	긍정적, 잔잔함, 친구
13	17	비밀의 카레라이스	이노우에 아레노 글, 다나카 기요 그림	아리스칸	식물, 웃음, 음식
14	17	누에콩의 새 침대 📖	나카야 미와	웅진주니어	친구, 배려, 식물
15	17	으라차차! 버섯 할아버지 📖	이시카와 모토코	길벗어린이	판타지, 대담함, 식물
16	18	당첨인가요? 📖	기타지마 고키	국민서관	판타지, 모험, 음식
17	18	두더지 버스 📖	사토 마사히코, 우치노 마스미	한림출판사	탈것, 동물, 즐거움
18	18	여기서 기다릴게 📖	도요후쿠 마키코	천개의바람	물건·무생물, 친구, 사랑
19	19	까만 크레파스 📖	나카야 미와	웅진주니어	물건·무생물, 그림, 자기긍정

* 한국어판 출간작이 있는 경우에는 책 옆에 📖 아이콘을 넣어 표시했다.

번호	YL	제목	작가	출판사	키워드
20	19	괴물 바케론	모토시타 이즈미 글, 츠지무라 아유코 그림	포플러사	판타지, 인간 외의 존재, 친구
욘데미 레벨(YL) 20~					
21	20	가방 장수 가라고	시마다 유카	분케이도	가게, 동물, 반복
22	20	히라노 레미의 샐러드북	히라노 레미 글, 와다 쇼& 와다 리쓰 그림	후쿠인칸쇼텐	만들기, 지혜, 음식
23	20	100엔 탐험	나카가와 히로타카 글, 오카모토 요시로 그림	구몬출판	평온한 일상, 사회, 흥미로움
24	21	11마리 고양이 📖	바바 노보루	꿈소담이	모험, 동물, 협동
25	21	이야기 부엌	사이토 시노부	PHP연구소	물건·무생물, 생활용품, 음식
26	22	콩도 먹어야지! 📖	케스 그레이 글, 닉 샤렛 그림	럭스미디어	평온한 일상, 엄마, 응석꾸러기
27	22	개구쟁이 해리: 목욕은 정말 싫어요 📖	진 자이언 글, 마거릿 블로이 그레이엄 그림	사파리	해피엔딩, 동물, 가까운 행복
28	23	누구나 잘하는 게 있어 📖	아라이 히로유키 글, 다케 마이코 그림	토토북	친구, 다양성, 교훈
29	23	나 초등학생 마녀	나카지마 가즈코 글, 아키사토 노부코 그림	긴노호시샤	해피엔딩, 친구, 마법
30	24	아기 늑대 세 마리와 못된 돼지 📖	유진 트리비자스 글, 헬린 옥슨버리 그림	시공주니어	다양성, 동물, 친구
31	24	영주님의 자전거	나카가와 히로타카 글, 다나카 로쿠다이 그림	고세이 출판사	탈것, 도전, 웃음
32	24	빨간 우체통과 치과의사	군 구미코 글, 구로이 겐 그림	포플러사	훈훈함, 잔잔함, 사랑
33	25	도서관에 간 사자 📖	미셸 누드슨 글, 케빈 호크스 그림	웅진주니어	규칙, 동물, 책
34	25	코끼리의 금메달	사이토 히로시 글, 다카바타케 나오 그림	가이세이샤	동물, 경기, 웃음
35	25	천사를 기르는 법	나카가와 치히로	리론샤	훈훈함, 인간 외의 존재, 귀여움

번호	YL	제목	작가	출판사	키워드
36	26	스파게티가 먹고 싶어	가도노 에이코 글, 사사키 요코 그림	포플러사	신기함, 괴이함, 음식
37	26	수수께끼 초등학교에 잘 오셨습니다	기타 후코 글, 가와바타 리에 그림	분켄 출판	두려움, 학교, 수수께끼
38	26	숲속의 숨바꼭질 📖	스에요시 아키코 글, 하야시 아키코 그림	한림출판사	판타지, 동물, 찾기 그림책
39	27	시끄러운 쥐, 쩌렁이 📖	리처드 윌버 글, 김효은 그림	천개의바람	용기, 동물, 다양성
40	27	이것이 요괴 가게의 일입니다	오카베 리카	가이세이샤	가게, 신비함, 괴이함
41	28	웨슬리나라 📖	폴 플레이쉬만 글, 케빈 호크스 그림	비룡소	다양성, 천재, 흥미로움
42	28	까마귀네 빵집 📖	가코 사토시	고슴도치	가게, 해피엔딩, 음식
43	28	밀키 스기야마의 당신도 명탐정 (1) 어쩌면 명탐정	스기야마 아키라 글, 나카가와 다이스케 그림	가이세이샤	탐정, 추리, 수수께끼
44	29	어디서 왔을까? 도시락	스즈키 마모루	긴노호시샤	만들기, 감사, 음식
45	29	눈사람 룬과 푼	다카도노 호코	가이세이샤	판타지, 물건·무생물, 친구
욘데미 레벨(YL) 30~					
46	30	카울릭에서의 대결	리처드 케네디 글, 마크 시몬트 그림	리틀브라운	싸움, 웃음, 영리함
47	31	알레한드로의 대여행	기타무라 에리	후쿠인칸쇼텐	모험, 성장, 언어 표현·문학·문장
48	31	이상한 마을의 이상한 레스토랑 (1) 세 가지 메뉴의 비밀	미타무라 노부유키 글, 아사쿠라 마야 그림	아카네쇼보	교훈, 음식, 마법
49	32	이상한 눈 신기한 얼음	가타히라 다카시	포플러사	사진, 이과, 흥미로움
50	32	뭐든지 아까운 우리 할머니 📖	신주 마리코	은하수미디어	교훈, 지혜, 조부모
51	33	내 일기 훔쳐보지 마 📖	야다마 시로	노란우산	신비함, 웃음, 언어 표현·문학·문장
52	33	엘머의 모험 📖	루스 스타일스 개니트 글, 루스 크리스만 개니트 그림	비룡소	싸움, 모험, 동물

번호	YL	제목	작가	출판사	키워드
53	33	물의 공주 📖	수잔 베르데 글, 피터 H. 레이놀즈 그림	크레용하우스	논픽션, 세계, 사회문제
54	34	1학년 너구리	나스 마사모토 글, 와타나베 유이치 그림	신니혼 출판사	훈훈함, 동물, 학교
55	34	큰도롱뇽의 여름	아베 나쓰마루 글, 가미야 신 그림	고세이 출판사	동물, 협동, 친구
56	35	사랑해 너무나 너무나 📖	저스틴 리처드슨& 피터 파넬 글, 헨리 콜 그림	담푸스	젠더·성, 동물, 사랑
57	35	세상에서 제일 맛있어! 📖	헬렌 쿠퍼	삐아제어린이	협동, 사랑, 음식
58	36	유쾌한 유카이 군	도모리 시루코	고단샤	친구, 학교, 단편집
59	36	호랑이 왕자 📖	첸 지앙 홍	웅진주니어	동물, 사랑, 엄마
60	36	호텔 산속 초등학교	고마쓰바라 히로코 글, 가메오카 아키코 그림	PHP연구소	가게, 훈훈함, 학교
61	37	비 오는 책방	히나타 리에코 글, 요시다 히사노리 그림	도신샤	판타지, 모험, 마법
62	37	마녀 배달부 키키 📖	가도노 에이코 글, 하야시 아키코 그림	소년한길	판타지, 성장, 마법
63	38	꼬마 바이킹 비케 📖	루네르 욘손 글, 에베르트 칼손 그림	논장	싸움, 모험, 지혜
64	39	쓰루바라 마을 시리즈 (1) 쓰루바라 마을 빵집	모이치 구미코 글, 나카무라 에쓰코 그림	고단샤	가게, 동물, 음식
65	39	다시 한번 하늘 높이 📖	이와사다 루미코 글, 이세 히데코 그림	정민미디어	감동, 도전, 목표·꿈
요네미 레벨(YL) 40~					
66	40	유령길은 공사 중 📖	구사노 아키코 글, 유경화 그림	미래엔아이세움	판타지, 생명, 사랑
67	40	3학년 1반 하루노 선생님! 단 3주간의 기적의 선생님	구스노키 시게노리 글, 시모타이라 게스케 그림	고단샤	자존감, 학교, 성장
68	40	햄스터, 햄스터를 구하다 📖	디틀로프 라이헤 글, 윤봉선 그림	한겨레아이들	모험, 동물, 영리함

번호	YL	제목	작가	출판사	키워드
69	41	마음을 파는 가게 📖	나시야 아리에 글, 간노 유키코 그림	개암나무	고민, 성장, 자기긍정
70	41	파랗게 칠해라	아베 나쓰마루 글, 사카이 사네 그림	포플러사	가게, 성장, 도전
71	42	초콜릿 공장의 비밀 📖	로알드 달	유진	모험, 욕망, 음식
72	42	흰 돌고래 📖	질 르위스	꿈터	동물애호, 사랑, 자연보호
73	42	켄즈케 왕국 📖	마이클 모퍼고 글, 마이클 포맨 그림	풀빛	모험, 고독, 사랑
74	43	시라코마키 겐페이의 바람	사이토 히로시 글, 다카바다케 준 그림	가이세이샤	모험, 동물, 변신
75	43	톰과 소야의 도시 탐험 📖	하야미네 가오루	상상출판	협동, 친구, 수수께끼
76	44	엉뚱 삼인조 (1) 가라 엉뚱 삼인조	나스 마사모토 글, 마에가와 가즈오 그림	포플러사	협동, 친구, 도전
77	44	다마존 강 - 다마강에서 생명을 생각하다	야마사키 미쓰아키	슌포샤	동물애호, 사회문제, 자연보호
78	45	나와 니케	가타카와 유코	고단샤	동물, 친구, 생명
79	45	출동! 검은손 탐정단 📖	한스 위르겐 프레스	아이세움	친구, 탐정, 추리
80	46	105도	사토 마도카	아스나로쇼보	만들기, 도전, 생활용품
81	46	배터리	아사노 아쓰코 글, 사토 마키코 그림	교이쿠가게키	친구, 가족, 성장
82	47	눈의 이름	무라야마 유카	도쿠마쇼텐	다양성, 고민, 성장
83	48	샌드위치 클럽	나가에 유코	이와나미쇼텐	만들기, 친구, 성장
84	48	이야기 SDGs 빈곤을 없애자: 모두들 아이스크림을 핥고 있다	야스다 가나 글, 구로스 다카네 그림	고단샤	교훈, 빈곤, 음식
85	49	종이컵 오리온	이치카와 사쿠코	고단샤	협동, 학교, 가족
		욘데미 레벨(YL) 50~			
86	50	요괴 편의점 📖	레이죠 히로코 글, 도미이 마사코 그림	올리	판타지, 인간 외의 존재, 자기긍정

번호	YL	제목	작가	출판사	키워드
87	50	처음으로 열다	고마쓰 아야코	고단샤	학교, 예술, 언어 표현·문학·문장
88	50	기억 전달자 📖	로이스 로리	비룡소	SF, 사랑, 성장
89	51	완벽한 미인(호시 신이치 쇼트-쇼트 시리즈 1) 📖	호시 신이치	하빌리스	SF, 반전, 단편집
90	51	가무사리 숲의 느긋한 나날 📖	미우라 시온	청미래	사제지간, 성장, 자연
91	51	우아하게 그레이슨	에이미 폴론스키	리틀 브라운 북스 포 영 리더스	젠더·성, 다양성, 고민
92	52	계주!!	아마사와 나쓰키	포플러사	신뢰, 학교, 경기
93	52	나는 옐로에 화이트에 약간 블루 📖	브래디 미카코	다다서재	논픽션, 세계, 평등
94	53	세상을 구하는 빵 통조림	스가 세이코 글, 야마시타 고헤이 그림	호루푸 출판	만들기, 노력, 재난
95	54	별이 빛나는 하늘의 록	나스다 준	아스나로쇼보	사랑, 성장, 음악
96	54	우리들의 7일 전쟁 📖	소다 오사무	양철북	싸움, 해방감, 목표·꿈
97	54	R.D.G 레드 데이터 걸 📖	오기와라 노리코 글, 키시다 메루 그림	영상노트	판타지, 내향적, 용기
98	55	토머스 제퍼슨, 도서관을 짓다 📖	바브 로젠스탁 글, 존 오브라이언 그림	봄나무	논픽션, 책, 역사
99	55	후미 세 겹 동그라미	마하라 미토	고단샤	가게, 가족, 음식
100	56	정령의 수호자 📖	우에하시 나호코	스토리존	판타지, 모험, 정령·요정

1장

아이의 인생에
독서라는 동반자를

독서를 할 줄 알면
다른 일들은 어떻게든 해결된다

아이가 다 자라서 여러분 곁을 떠나기까지 몇 년이나 남았나요? 사람에 따라서는 몇 년 남지 않았을 수도 있고, 10년 넘게 남았을 수도 있겠네요.

아이들이 혼자 힘으로 살아가게 될 때 어떤 시대가 찾아올지는 아무도 모릅니다. 지난 몇 년을 봐도 코로나19의 영향으로 사람들이 일하고 생활하는 방식이 달라지고, 인공지능 등의 기술이 눈부시게 진화하는 등 커다란 변화가 있었습니다. 이런 변화의 속도는 앞으로 더욱 빨라지겠지요.

이렇게 예측 불가능한 상황에서 어떤 선택을 해서, 아이들이 무슨 능력을 가질 수 있도록 길러야 할까요? 한정된 시간 동안 할 수 있는,

아이를 위한 최선의 선택은 무엇일까요? 아무리 생각해 봐도 대답하기 어려운 문제입니다.

주요 과목 공부는 물론이고 영어, 코딩, 운동, 악기 등 세상에는 아이에게 가르치고 싶은 것들이 너무나도 많습니다. 학원에서 공부를 더 시켜야 할까요? 예체능을 더 다양하게 가르쳐야 할까요? 교육의 선택지가 수도 없이 늘어나고 있기 때문에 고민하는 보호자도 많을 것입니다. 아이들 한 명 한 명의 개성이 다르기 때문에 똑같은 선택과 노력을 해도 완전히 다른 결과가 나오기도 합니다. 정답은 따로 없습니다.

다만 단 한 가지, 제가 말씀드릴 수 있는 것이 있습니다. 바로 '독서를 할 줄 알면 된다'라는 것입니다.

"선택지가 너무 많아서 아이한테 무엇을 가르쳐야 할지 모르겠어요" 이렇게 고민하는 보호자를 만나면 저는 망설임 없이 독서 교육을 추천합니다. 독서를 할 줄 알면 다른 일들은 어떻게든 해결되는 경우가 많으니까요.

책에는 무엇이든 다 쓰여 있습니다. 영어, 코딩은 물론 어른이 된 후에는 비즈니스 방법까지 책을 읽으면 모두 배울 수 있지요. 자세한 이야기는 47쪽에서 하겠지만, 독서를 통해 기를 수 있는 다양한 능력은 아이를 든든하게 받쳐 줄 것입니다.

앞으로 어떤 시대가 찾아오고 어떤 능력이 필요해진다 해도, 또 어떤 고민을 하게 된다 해도, 책을 읽을 줄 알면 괜찮습니다. 책이라는 존재는 아이에게 항상 힘을 주고 미래를 여는 무기가 되어 줄 것입니다.

독서 교육은 아이와 가정을
모두 행복하게 만든다

성적 지상주의 교육에서는 아이가 싫어하는 공부를 억지로 시키거나 힘들어하는 아이를 독려해야 할 때가 있습니다. 그렇게 아이를 키우다 보면 괴롭지 않나요?

독서 교육은 성적 지상주의 세계에서는 불가능했던 '아이와 보호자가 모두 행복해지는 교육'입니다.

아이는 그저 재미있게 책을 읽으면 됩니다. 보호자는 편안한 마음으로 그 모습을 바라보기만 하면 되고요. 그것만으로도 아이가 가진 수많은 능력이 자라납니다. 독서는 아이에게 점수를 매겨서 비교하거나 경쟁시키지 않습니다.

시간적, 경제적인 부담이 적다는 것도 독서의 큰 매력입니다. 집에서 짧은 시간 동안만 해도 효과가 있기 때문에 바쁜 일상 속에서도 어려움 없이 실천할 수 있습니다. 게다가 책 사는 데 드는 돈은 학원비나 과외비와 비교하면 저렴하지요. 도서관 등을 활용하면 부담을 더욱 줄일 수 있고요.

"그렇지만 아이가 책은 거들떠도 안 보고 유튜브만 보는걸요."

이렇게 말하는 보호자도 많겠지만, **아이 개개인의 상황에 맞춰서 독서 교육을 하면 아이의 '취향'과 '호기심'을 효과적으로 자극할 수 있습니다.** 그렇게 되면 아이의 마음속에 '책을 읽고 싶어', '또 읽고 싶네', '좀 더 읽고 싶다'라는 연쇄반응이 일어나며 이윽고 '지금 당장 책을 읽고 싶다'라는 마음도 싹트게 되지요. 그러다 보면 어느새 책이 유튜브 영상만큼이나 아이의 마음을 사로잡는 존재가 됩니다.

책만 읽을 줄 알면 다른 일들은 어떻게든 해결됩니다. 이 사실을 아는 보호자는, 아이가 독서를 즐기고 있으면 단지 그 사실만으로 안심할 수 있습니다. 아이가 '책을 읽고 싶다'고 느껴서 자발적으로 독서하는 모습을 진심으로 응원하며 지켜보게 되지요. 아이와 보호자가 모두 행복해지는 교육이 이렇게 실현되는 것입니다.

그러니 우선 독서 교육을 시작해 보세요.

'독서에 빠져드는 법'을 알면 아이 스스로 독서를 시작한다

독서 교육을 시작하고 싶다는 생각이 들어도 '독서를 배운다, 가르친다'라는 개념이 잘 와닿지 않는 분이 많을 듯합니다. 독서에 빠져드는 법을 전문가에게 배운 적이 없는 사람이 대부분이니까요.

주변 어른들을 보면 본격적으로 책에 빠져드는 법을 배우지 않고, 그럭저럭 책을 읽게 된 사람들뿐입니다. 개중에는 엄청난 독서가들도 있어서 보호자들은 애초에 **'독서는 가르치는 것'이라는 발상을 하기 어렵습니다.**

물론 아이가 자연스럽게 책을 좋아하게 되는 경우도 있겠지요. 그러나 대부분 그런 식으로 잘 풀리지는 않습니다. 독서에 빠져드는 방법을 제대로 배우지 못했기 때문입니다.

이 같은 상황을 타개하기 위해, 이 책에서는 독서에 빠져드는 법을 올바르게 전달할 것입니다. 이대로 가르치면 아이는 분명 독서를 즐길 줄 알게 될 뿐 아니라 책의 매력에 빠져들 것입니다.

미국에는 '**리딩 워크숍**'이라는 수업이 있습니다. 모국어 수업의 일환으로 아이들이 자유롭게 독서하도록 지도하며 아이들을 '자립적인 독서의 주체'로 길러 내는 수업입니다.

그중 낸시 앳웰Nancie Atwell[*]의 수업이 유명한데요, 앳웰은 시행착오를 거치며 유아에서 8학년(우리나라의 중학교 2학년에 해당)까지의 아이들에게 '독서와 글쓰기'를 가르쳐 온 전설적인 교사입니다. 40년 이상에 걸쳐 리딩 워크숍을 실시했고, 2015년에는 교육계의 노벨상으로 불리는 국제교사상Global Teacher Prize을 받았습니다.

다행히 저는 중고등학생 때 본질적인 독서 교육을 받을 기회가 있었습니다. 낸시 앳웰의 리딩 워크숍을 실천하던 사와다 에이스케 선생님의 수업을 받은 덕분입니다.

일본의 학교에서 이런 독서 교육을 받을 기회는 아직 적습니다. 아이들이 양질의 독서 교육을 받지 못하는 것이 현실입니다. 그래서 저희는 선생님이 따로 없어도 아이들이 독서를 배울 수 있도록 욘데미 서비스를 시작했습니다.

[*] 『하루 30분 혼자 읽기의 힘』의 저자로 아이들에게 독서의 즐거움을 가르쳐 창조적이고 주체적인 학습인으로 키워 내는 미국의 교사다.

　욘데미는 리딩 워크숍의 학습 모델을 참고해서 만든 온라인 독서 교육입니다. **인생을 바꿀 힘을 가진 독서 교육을 집에서 쉽게 실천할 수 있도록 아이디어를 짜냈습니다.**

책보다 편한 유튜브에 휩쓸리는 아이들

아이가 독서에 빠져드는 데 커다란 장벽이 되는 것이 유튜브를 비롯한 동영상 콘텐츠입니다. 두말할 것도 없이 아이들이 유튜브를 너무나도 좋아하기 때문입니다.

주체적으로 책장을 넘기며 글자를 따라가야 하는 독서와 비교하면 유튜브는 수동적으로 즐길 수 있습니다. 부담이 적고 아무 때나 편하게 소비할 수 있으니 아이가 유튜브만 계속 보는 것도 이상한 일은 아닙니다.

만약 유튜브가 존재하지 않는다면 아이들이 책을 더 자주 펼치고 독서를 좋아하게 될지도 모르지요. 그러나 유감스럽게도 **편안하게 즐길 수 있는 동영상 콘텐츠가 넘쳐 나는 지금은 아이들이 저절로 책을**

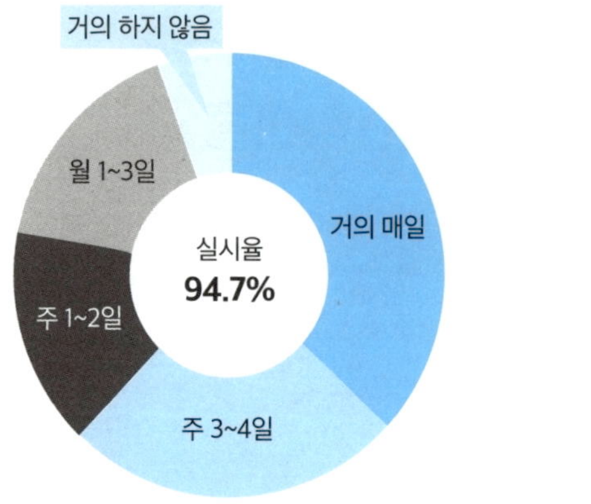

출처: 베네세교육종합연구소 '유아기의 가정 교육'(2018년)

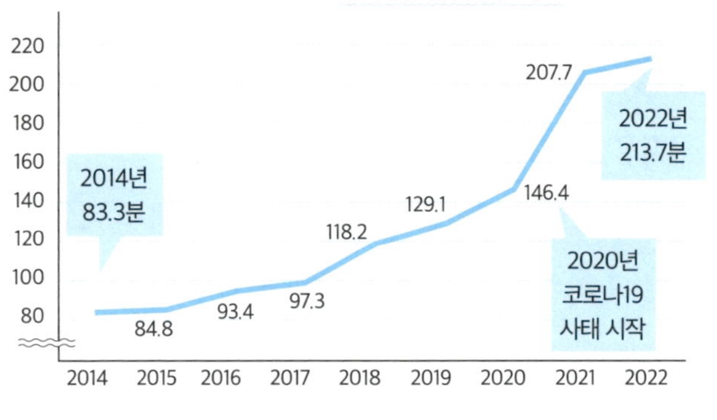

출처: 일본 내각부 '청소년의 인터넷 이용 환경 실태 조사'(2022년)

* 우리나라의 경우, 한솔교육이 2020년에 실시한 설문조사에 따르면 하루 평균 15~30분 책을 읽어 주는 가정이 49.5%로 가장 많았다. 15분 미만이 27.4%, 30분~1시간 이상이 20.4%다. 일본의 설문조사는 '책을 읽어 주는지', '일주일에 며칠 읽어 주는지'에 대해 질문한 것이므로 한솔교육 설문조사의 기준과는 다소 다르다.

좋아하게 되는 시대가 아닙니다.

일본의 대표적인 교육 정책 연구소인 베네세교육종합연구소가 2018년 실시한 조사에 따르면 유아가 있는 가정 중 책을 읽어 주는 가정의 비율은 94.7%였습니다. 거의 모든 가정에서 아이가 책과 친해지도록 노력하고 있음을 알 수 있습니다.

한편 초등학생의 인터넷 이용 시간은 하루 평균 213.7분입니다(2022년 일본 내각부 '청소년의 인터넷 이용 환경 실태 조사'). 그런데 2014년 조사에서는 83.3분이었습니다. **채 10년도 지나지 않아 세 배 가까이 증가한 것입니다.**

초등학생이 평일에 자유롭게 사용할 수 있는 시간은, 하교해서 집에 오는 오후 3~4시부터 자러 갈 시간인 밤 9~10시까지로 약 6시간 정도입니다. 숙제, 식사, 씻기 등에도 시간을 쓰면서 동영상 시청을 213분(약 3시간 반)이나 한다는 것은 놀랄 만한 상황 아닐까요.

다시 말해 **아이들은 유튜브 시청 등 인터넷에 적극적으로 시간을 쓰는 선택을 하고 있습니다.**

책을 읽어 주기만 해서는 아이가 독서에 빠져들 수 없다

94.7%의 가정에서 유아에게 책을 읽어 줍니다. 그런데 이 유아가 초등학생으로 자라나면 책을 읽지 않습니다.

그 원인은 **유아기의 책 읽어 주기에서 이후 혼자 책 읽기로의 전환이 잘 이루어지지 않는 데 있습니다.** 아이가 스스로 책이 읽고 싶다는 생각을 하지 않는 것이지요.

유아기에는 어른이 읽어 주는 것을 그저 듣고 있기만 하면 되니 편했습니다. 모르는 부분은 어른에게 물어보고, 억양을 바꾸어 가며 흥미진진하게 읽어 주는 것을 듣기만 하면 되니 대부분의 책에서 재미를 느낄 수 있었습니다. 그러나 혼자서 책을 읽게 되면 상황이 완전히 달라집니다.

혼자서 책을 읽는 일은 상상 이상으로 부담스럽습니다. 지금까지는 귀로 들으며 이해하던 책의 내용을 자신의 눈으로 읽으며 해석해야 하니까요. 게다가 모르는 단어를 곧바로 물어볼 수도 없고, 읽는 사람의 표정이나 분위기를 단서로 삼을 수도 없습니다. 책을 즐기는 일의 난이도가 갑자기 높아지는 것입니다.

아이는 혼자서 글자를 따라가며 책을 읽기보다 유튜브가 더 편하다고 느끼기 때문에, 책을 읽으라고 채근해도 "읽어 준다면 좋아. 안 읽어 주면 그냥 유튜브 볼래"라고 뒷걸음질하게 됩니다.

그렇게 결국 독서와 멀어지고 마는 것입니다.

독서에 빠져드느냐 아니냐는
초등학생 때의 독서 습관이 결정한다

혼자 책을 읽는 일의 중요성을 알게 됐으니, 초등학생들의 독서 시간에 대한 데이터를 살펴볼까요?

베네세교육종합연구소의 '어린이의 생활과 배움에 관한 부모 자녀 조사'에 따르면 저학년 아이들은 그래도 책을 읽지만, 학년이 올라가면서 단 한 권도 읽지 않는 아이가 늘어납니다.

독서를 평생 습관으로 삼을 수 있는가는 혼자 책 읽기로 안정적으로 전환하여 초등학생 때 하루 30분의 독서 습관을 들일 수 있는가에 달려 있습니다. 초등학생 때 독서 습관을 들이면, 중고등학생 때 바빠지더라도 독서와 멀어지는 정도를 상당히 줄일 수 있지요.

초등학생이 되면 글자 공부를 시작하기 때문에 혼자서 책 읽을 줄

하루 독서 시간의 학년별 추이

초등학생 때는 하루 30분 이상 책을 읽는 아이가 많지만, 그보다 적게 읽는 아이들은 이후로 점점 더 책을 읽지 않게 됩니다. 중고등학생 때는 많은 아이가 책에서 점점 멀어집니다. 하지만 초등학생 때 하루 30분 이상 책을 읽었던 아이들은 비교적 덜 멀어집니다.

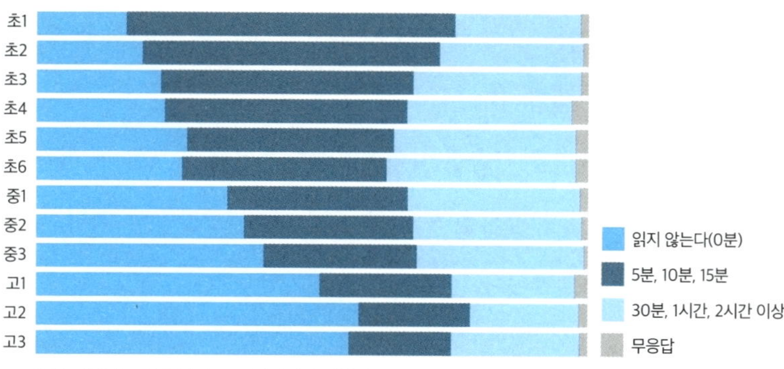

출처: 베네세교육종합연구소 '어린이의 생활과 배움에 관한 부모 자녀 조사'(2022년)

아는 아이도 늘어납니다. 아이가 스스로 책을 펴는 모습을 보고 '이제 됐다', '내버려둬도 알아서 책을 읽겠지'라고 안심하는 보호자도 많아집니다. 그러나 이 시기에 책에서 재미를 느끼고, 스스로 즐길 수 있는 책과 만나는 일은 쉽지 않습니다.

재미있다고 느끼는 책과 만나지 못하면 독서에 빠져드는 길은 금세 닫히고 맙니다. 이 시기에 아이의 독서를 돕지 않고 방치하면 '재미있는 책'과 만날 기회를 놓쳐 버리게 됩니다.

그뿐만이 아닙니다. 아이의 눈과 손이 닿는 곳에는 언제나 스마트폰과 태블릿이 있어서, 유튜브 등의 매력적인 콘텐츠가 아이를 유혹

합니다. 책에서 매력을 느끼지 못하면, 그리고 책보다 훨씬 가볍고 편하게 즐길 수 있는 대상이 가까이에 있으면 독서를 하지 않게 되는 것이 자연스러운 흐름입니다. 그렇기에 아이가 책의 매력을 깨달을 수 있는 환경을 만들고, 즐겁게 책을 읽으며 독서를 습관화할 수 있도록 도울 필요가 있습니다.

그렇게 해서 독서를 지속한 아이는, 어른이 되어 필요할 때 독서라는 선택을 통해 자기 자신을 도울 수 있습니다. 초등학생 때의 독서 습관은 그래서 중요합니다.

독서로 기를 수 있는
네 가지 능력

31쪽에서 '독서를 할 줄 알면 다른 일들은 어떻게든 해결된다'라고 이야기했습니다. 이제부터 그 이유가 되는, 독서로 기를 수 있는 네 가지 능력을 살펴보겠습니다.

1. 공부를 해내는 능력

독서로 기를 수 있는 능력 중에는 '공부를 해내는 능력'이 있습니다. 초등학생에서 중학생, 고등학생, 그리고 그다음 단계로 진학하면 배울 것이 점점 늘어나고 내용도 어려워지지요. 그렇기에 **초등학생 때 공부를 해내는 능력을 길러 주어야 합니다.** 그래야만 배우는 내용이 아무리 달라져도 잘 대응할 힘이 생기기 때문입니다.

아이가 공부를 싫어하면 보호자도 물론 힘듭니다. 그러나 가장 힘든 사람은 아이 본인입니다. 학교에서나 집에서나 매일 공부해야 하는데, 그 공부가 싫으니 괴롭겠지요.

아이들은 왜 공부를 싫어하게 되는 것일까요? 그 이유로 종종 관찰되는 것이 '글자 읽기를 싫어하기 때문에'입니다. 읽기라는 행위는 다양한 종류의 학습에서 요구됩니다. **교과서, 숙제, 시험 문제 등에는 반드시 글이 쓰여 있으므로 읽기를 싫어하면 모든 과목에서 커다란 부담을 느끼게 됩니다. '글자 읽기가 싫기 때문에 공부가 싫다'는 아이가 많은 것도 그 때문이고요.** 반대로 읽기를 잘하면 자신감 있게 공부에 임할 수 있으니 유리할 것입니다.

독서로 스스로 공부하는 능력을 기르면, 공부를 싫어하는 마음이 줄어듭니다. 그뿐 아니라 도전하고 싶다는 마음으로 공부와 마주할 용기도 솟아납니다. 마음속에 '나는 책을 잘 읽으니까 괜찮아'라는, 의지하는 구석이 있으니 초조해하지 않고 안심하며 도전해서 자신의 세상을 넓혀 나갈 수 있습니다. 예를 들어, 두꺼운 참고서를 거부감 없이 읽을 수 있다면 공부가 훨씬 쉬워지겠지요. 독서로 키운 어휘력이 영어 등을 배우는 데 도움이 될 수도 있습니다.

이런 능력은 어른이 된 뒤에도 도움이 됩니다. 사회인이 되면 글을 읽고 쓸 기회가 많아지기 때문입니다. 이런 경향은 재택근무가 보편화되고 글을 통한 소통이 늘어나면서 점점 더 뚜렷해질 것입니다.

2. 언어를 활용하는 능력

독서를 하면 할수록 어휘를 많이 접할 수 있습니다. 그렇게 어휘력이 늘어나면 사고와 표현의 폭이 넓어집니다. 우리는 우리가 가진 어휘를 통해 세상을 인식하고 사고하거나 표현하기 때문입니다.

만약 '좋아하다'라는 단어를 모르면 그 마음에 대해 생각하거나 남에게 이야기하기 어려울 것입니다. 물론 그 단어를 몰라도 '좋아한다'는 마음을 느끼거나, 표정 또는 태도로 표현할 수는 있겠지요. 말로 표현할 수 없기에 느껴지는 오묘함이 있을지도 모르고요. 그러나 단어를 알아야 그 마음에 대해 깊이 생각하거나 솔직하게 표현하기가 쉬워질 것임은 분명합니다. 말로 담아내지 못하는 대상에 대해 생각하거나 표현하는 일은 아주 어렵기 때문입니다.

이것은 **단어를 많이 알수록 사고의 폭이 넓어진다는 뜻이기도 합니다. 독서를 통해 어휘력이 늘면 사고의 세계가 확장되는 것입니다.**

어휘력이 늘면 단어를 사용한 표현력도 풍부해집니다.

욘데미 수강생 중에도 아는 단어가 늘어나면서 몸과 마음의 상태를 더 잘 표현하게 되었다는 아이들이 있습니다. 이를테면 어떤 아이는 몸이 좋지 않을 때 "목구멍이 꽉 조여들고 구역질에 가까운 느낌이 났어요"라고 정확하게 전달해서 주위 어른들이 원활히 대처할 수 있었다고 합니다. 수많은 단어를 알고 능숙하게 활용하는 능력을 기른 덕에, 자신밖에 알 수 없는 몸과 마음의 상태를 남들에게 자세히 전달할 수 있게 된 것입니다.

말이나 글로 소통할 때 단어로 표현하는 능력은 어떤 시대에나 필요합니다. 인간과 인간이 교류할 때는 단어를 이용한 대화를 빼놓을 수 없고, 설령 인공지능이 진화한다 해도 인간에게는 단어를 통해 인공지능에게 지시를 내리는 능력이 필요하겠지요. 단어를 잘 활용해서 생각을 표현하는 능력이 중요한 것입니다.

이 같은 능력을 기를 때 효과적인 방법이 단어가 활용된 대화를 접하는 일입니다. **책 속 등장인물의 대사 또는 어른들의 대화를 접하다 보면 단어의 적합한 사용 방법을 훈련할 수 있습니다.**

반면 TV나 유튜브 등의 영상은, 극단적으로 말하면 언어를 모르는 사람에게도 시각 정보를 통해 내용을 전달하는 것을 목표로 만들어지기 때문에 단어를 배우기에는 적합하지 않지요.

효과적으로 어휘력을 성장시켜서 사고의 폭을 넓히고, 단어를 사용한 표현력까지 높이기 쉬운 것이 바로 독서입니다.

3. 감성지수EQ를 높이는 능력

지능지수IQ(Intelligence Quotient)는 머리가 좋은 정도를 나타내는 지표로 알려져 있습니다. 이 수치가 높은 사람은 논리적인 사고 능력 등이 뛰어나다는 이유로 높은 평가를 받기 쉬워서, 취업 등에서 유리하다고 인식되어 왔습니다. 그러나 요즘 IQ 대신 점점 평가의 주축이 되고 있는 지표가 있습니다. 바로 감성지수EQ(Emotional Quotient)입니다.

EQ가 높은 사람은 자신의 감정을 파악해 조절할 뿐 아니라 주변 사람들의 감정도 잘 이해해 적절히 접근할 수 있습니다.

EQ를 이론화한 심리학자 피터 샐러베이Peter Salovey와 존 메이어John D. Mayer는 비즈니스 종사자들을 대상으로 실시한 조사에서 '비즈니스에서 성공한 사람은 거의 예외 없이 대인관계 능력이 뛰어나다'라고 결론 내렸습니다.

IQ가 높아도 소통 능력이 낮은 사람은 팀의 생산성을 저해하기 쉬워 성과를 올리지 못할 수 있습니다. 반면 EQ가 높아서 원활한 소통이 가능한 사람은 협력을 얻기 쉬우므로, IQ가 낮아도 성공하는 사례가 많다고 하는군요.

직원을 채용할 때 EQ를 보는 기업이 조금씩 늘어나고 있습니다. 사실 저희 회사 욘데미도 그중 하나입니다. 채용 시 EQ를 중시하는 욘데미에는 타인의 감정을 배려할 줄 아는 구성원들이 모인 덕분에 서로의 장점과 개선할 점을 솔직하게 이야기할 수 있고, 누구든 부담 없이 상의도 할 수 있습니다. 이런 이상적인 환경이기에 팀의 생산성도 높아지고 서비스의 품질을 높이는 데에 주력할 수 있습니다.

지금 일본의 교육에서는 EQ보다 IQ가 중시되고 있습니다. 하지만 **IQ만 높으면 사회에서 잘 살아갈 수 있다는 보장은 없습니다. IQ를 잘 살려 활약하기 위해서도 EQ를 높일 필요가 있습니다.**

그렇다면 어떻게 해야 EQ를 높일 수 있을까요? 문학 작품을 읽는 것이 효과적이라고 합니다. 심리학자 데이비드 키드David Kidd와 에마누엘레 카스타노Emanuele Castano*는 **소설을 많이 읽은 사람은 타인의 감정을 읽어 내는 능력이 뛰어나다**는 보고서를 발표했습니다.

4. 타인의 생각을 받아들여 자신을 변화시키는 능력

무언가를 배우는 데 뛰어나고, 가르침을 잘 받아들이는 '코처블coachable한 사람'이 될 수 있다는 것도 독서의 큰 이점입니다. 코처블이란 '코치coach'와 '가능한able'을 조합한 단어로, '코칭받을 수 있는 상태의 사람'이라는 뜻입니다. 타인의 생각을 받아들여 유연하게 자기 자신을 변화시키는 능력이라고 해도 좋겠지요.

혹시 주변에 어떤 조언도 듣지 않는 완고한 사람이 있지 않나요?

이런 사람들은 적절한 조언을 들어도 "그래도……", "그게 아니라……"라며 부정부터 합니다. 매사 변명과 합리화뿐, 자기 자신을 바꾸려 들지 않지요. 이런 일이 계속되다 보면 당연히 성장의 기회를 놓쳐 버리고 맙니다.

코처블하지 못한 이런 태도 앞에서 주변 사람들은 '이 사람이 기회를 잡았으면 좋겠다', '이 사람을 돕고 싶다'라는 생각을 하지 않게 됨

---

* 이탈리아 트렌토대학교 심리학 및 인지과학 교수. "좋은 문학 작품을 읽어 주면 지식, 사고력뿐만 아니라 아이들의 사회적, 정서적 공감 능력까지 키울 수 있다"고 말했다.

니다. 결국 이 사람은 성장도 하지 못하고 타인의 협력도 얻지 못해 아주 힘든 인생을 살게 되지요.

코처블한 사람이 되는 일은 결코 쉽지 않습니다. 사람은 기본적으로 변화를 좋아하지 않고 자기 자신의 모습을 그대로 유지하려는 마음이 있기 때문입니다. 그러나 그런 성질이 너무 강해서 '바뀌기 싫어'라는 생각만 하면 언제까지나 성장할 수 없겠지요.

타인의 조언을 받아들이지 않고 변화를 거부하는 사람보다, 조언을 순순히 받아들이고 자신을 바꿔 나갈 수 있는 사람이 더 빨리 성장할 수 있음은 말할 것도 없습니다. 그러나 조언을 받아들인다는 것은 자신의 잘못과 부족함을 인정하는 일이기도 합니다. 어렵고 용기가 많이 필요한 일입니다.

조언을 잘 받아들이는 코처블한 사람이 되기 위해서는 어떻게 해야 할까요?

여기서도 독서가 효과적입니다. 독서를 하면 다양한 사람들의 사고방식과 가치관을 알 수 있습니다. **자신과 다른 사고방식이나 가치관을 접하는 경험은 자신의 잘못과 부족함을 깨닫는 계기가 됩니다. 그런 경험을 통해서 타인의 말을 순수하게 받아들이는 태도와 겸손함이 자라나면 코처블한 사람이 될 수 있습니다.**

독서는 언제나 한편이 되어 준다

독서는 다양한 능력을 길러 줄 뿐 아니라, 어느 때나 곁에 있는 '마음속 대화 상대'가 되어 줍니다.

책을 읽다 보면 다양한 등장인물과 만나게 됩니다. 그 인물들은 책 속에서 다양한 상황에 처하고, 행동하고, 결단하는 모습을 보여 줍니다. 우리는 그 모습을 지켜보는 과정에서 새로운 사고방식과 관점을 자신의 것으로 만들 수 있게 되지요.

그러면 독자는 나중에 난관에 부딪혔을 때 '이럴 때 그 등장인물이라면 어떻게 할까?'라고 상상하며, 길잡이로 삼을 수 있는 지침을 여러 개 가지게 됩니다. 앞으로 나아가지 못하고 방황할 때나 고민을 품고 있을 때 '마음속 대화 상대'에게 도움을 청할 수 있게 되는 것입니다.

이처럼 독서는 언제나 아이를 지탱해 주는 든든한 편이 되어 줍니다. 난처할 때, 고민이 있을 때, 자신의 힘으로 문제를 해결하고자 할 때 책은 아이의 곁에서 힌트를 주지요.

앞으로 어떤 시대가 찾아올지 알 수 없습니다. 그래도 아이가 책을 읽을 줄 안다면 안심할 수 있지 않을까요?

이제부터 욘데미를 통해 1만 명이 넘는 아이들의 독서 지도에 관여하며 터득한, 집에서 적용할 수 있는 독서 교육 방법을 설명하겠습니다.

'물고기를 주지 말고, 잡는 법을 가르쳐라'라는 말이 있습니다. 굶주린 사람에게 물고기 한 마리를 주면 당장의 허기는 면할 수 있겠지만 다음 날 다시 굶주리게 될 테니까요. 반면 물고기 낚는 법을 가르쳐 주면 더 이상 물고기를 줄 필요가 없습니다. 살아가는 기술을 익힌 사람은 자기 힘으로 살아갈 수 있기 때문입니다.

아이에게 독서를 가르치는 것은 낚시 방법을 가르치는 것과 같습니다. **독서 능력을 길러 주면 이후로도 항상 자기 자신의 힘으로 인생을 개척해 나갈 수 있기 때문입니다.**

2장

어떤 아이든
독서가가 될 수 있다

'우연히 책을 좋아하게 될 확률'은 높일 수 있다

저희는 욘데미를 시작할 때 수많은 독서가에게 '어떻게 책을 좋아하게 됐는지' 질문했습니다. 압도적으로 많았던 대답은 "어쩌다 그렇게 됐어요"였습니다. 특별한 이유 없이 단순한 우연으로 독서가가 됐다는 것입니다.

저희는 그런 대화를 반복하다가 깨달았습니다. **독서가가 된 사람들은 그런 우연이 일어날 수 있는 환경 속에 있었던 것입니다.** 예를 들어 매력적인 책을 접할 수 있거나 독서에 집중할 수 있는 가정환경이 갖춰져 있다면, 그런 우연이 일어나기 쉬워지겠지요. 독서의 즐거움을 공유할 수 있는 가족이나 친구가 가까이에 있다면 독서를 계속하려는 의욕을 갖기 쉬워지고요.

그런 환경에 있었기에, '마음에 드는 한 권의 책과 만나는 우연'이 일어나서 독서에 매료될 수 있었던 것이 아닐까요.

'그렇다면 그 우연이 일어날 가능성을 100%까지 높여 보자.'

아이가 우연히 독서를 좋아하도록 만들기 위해 씨앗을 뿌리는 것, 이것이 욘데미의 독서 교육입니다.

한 씨앗과 만나서 독서가가 되는 아이도 있겠지만, 여러 씨앗과 만나야 독서가가 되는 아이도 있을 것입니다. 개중에는 모든 씨앗을 다 모은 후 비로소 독서가가 되는 아이도 있을지 모릅니다.

아이마다 개성이 각자 다르기 때문에 어느 씨앗이 효과를 발휘할지는 실제로 싹이 튼 뒤에야 알 수 있습니다. 그래도 씨앗을 많이 뿌리면 뿌릴수록 싹이 틀 가능성이 높아집니다. **아이를 독서가로 만드는 '우연의 확률'을 높여, 필연으로 만들 수 있는 것입니다.**

'독서 교육의 세 기둥'으로
누구나 독서가가 될 수 있다

독서 교육에는 큰 기둥이 세 개 있습니다. **'취향 저격하는 책 고르기', '독서에 빠져드는 계기 만들기', '독서를 습관화하는 환경 만들기'** 입니다. 이 세 개의 기둥을 완성하면 누구나 반드시 독서가가 될 수 있습니다.

이 책의 3장에서는 '취향 저격하는 책 고르기', 4장에서는 '독서에 빠져드는 계기 만들기', 5장에서는 '독서를 습관화하는 환경 만들기'의 방법을 설명할 것입니다. 각 장에서는 기본 단계를 순서에 따라 소개하니 하나씩 실천해 나가는 것도 좋겠지요. 물론 아이에 따라 불필요한 단계도 있으므로 필요하다고 느낀 단계만 골라서 시도해 보는 것도 좋습니다. **가능한 것부터 조금씩, 독자 여러분의 가정에 맞도**

록 변화를 줘서 적용해 보세요.

지금 아이가 독서가가 아니라는 것은 독서가가 되기 위한 씨앗과 만나지 못했다는 뜻입니다. 3장부터 소개하는 노하우 하나하나는 모두 독서가가 되는 우연을 낳기 위한 씨앗입니다. 이것들을 실천해서 씨앗을 뿌려 나가면 독서가로의 문이 더 쉽게 열릴 것입니다.

부디 문이 열리는 그날까지 아이와 함께 즐겁게 독서 교육을 실천해 나가기 바랍니다.

독서가의 문이 열리면
기다리고 있는 세계

이제부터 '취향 저격하는 책 고르기', '독서에 빠져드는 계기 만들기', '독서를 습관화하는 환경 만들기'가 잘 이루어지면 어떤 상태가 되는지 설명하겠습니다.

성공한 모습을 구체적으로 머릿속에 그리면 목표 지점으로 향하는 길이 더 잘 보이는 법입니다. 독서가가 된 아이의 모습을 상상하면서, 노하우의 실천을 향해 나아가 볼까요?

1. '취향 저격하는 책 고르기'가 실현되면 펼쳐지는 세계

아이가 '재미있다'고 느끼는 책을 찾지 못해 **보호자가 추천해도** **"어려워 보여요"**, **"재미없을 것 같아요"**라며 거들떠보지도 않는 상황인 집이 생각보다 많은 모양입니다.

이런 상황은 독서 교육으로 적절한 책을 고를 줄 알게 되면 눈에 띄게 개선됩니다. 아이가 스스로 '독서를 하고 싶다'라고 생각하며 책을 집어 들고 책장을 넘기게 되니까요.

욘데미를 수강하는 4학년 여학생의 이야기를 소개해 보겠습니다. 보호자가 다양한 책을 권했지만, 이 학생은 싫어하며 읽으려 들지 않았습니다. 그러다 어느 날 욘데미가 추천한 책 몇 권을 읽으면서 그중 **자신과 잘 맞는 책 한 권을 만났습니다. 그리고 이것이 커다란 전환점이 됐습니다.**

이 학생은 몇 번이나 깔깔 웃으며 그 책을 읽었다는군요. 그다음에는 같은 저자의 책을 도서관에서 여러 권 빌려 와 읽기 시작했고, 점차 다양한 책을 읽게 됐습니다.

6개월 정도 지난 후에는 부모님과 함께 큰 도서관에 갔다고 합니다. 그곳에서 이 학생이 보인 반응은 예전이라면 도저히 상상할 수 없는 것이었습니다. 방대한 수의 책에 둘러싸이자 신이 나서 행복한 기운을 마구 뿜어냈다는 것입니다.

도서관에서 돌아오는 길에 이 학생은 "엄마, 그 도서관은 보물 창고예요!"라고 말했다고 합니다. 처음 보는 수많은 책에 설레며 '읽고 싶다'는 마음을 키워 나가고, 자신에게 맞는 책을 골라 적극적으로 즐기게 된 것입니다. 이제 어엿한 독서가가 됐다고 할 수 있겠군요.

2. '독서에 빠져드는 계기 만들기'가 실현되면 펼쳐지는 세계

'책은 재미있어!'라는 마음이 없으면 독서가가 될 수 없습니다. 누구든 재미없는 일은 하기 싫어하니까요.

아이가 독서의 재미와 기쁨을 알면 어떻게 될까요? 당연히 독서가 하고 싶어집니다.

유튜브와 게임은 물론 재미있고 자극적입니다. 하지만 그것을 능가할 정도의 매력을 책에서 느낄 수만 있다면 자연스럽게 독서를 선택하게 됩니다.

초등학교 입학 몇 달 전부터 욘데미를 시작한 한 여학생은 1년 정도 독서 교육을 받는 동안 큰 변화를 겪었습니다. 원래는 스스로 책을 읽는 일이 없고 어른이 읽어 주면 즐기는 정도였는데, 독서 교육을 받으면서 수많은 책을 자기 힘으로 읽게 됐습니다.

이 학생은 책 읽는 동안 이야기 속 세상에 빠져들며 다양한 경험을 했습니다. 등장인물들의 감정을 자신의 경우에 대입해 상상하며 공감하거나 자신이 느껴 보지 못한 새로운 감정을 배웠지요. 때때로 등장인물과 마음이 맞지 않는다고 느껴지는 책을 싫어하는 모습도 보였습니다. 이 학생에게는 책 속 세상이 그만큼 현실적이고 생생했던 것이겠지요.

독서의 즐거움을 깨닫지 못하는 동안에는 칭찬이나 보상을 받아야만 '책을 읽고 싶은' 마음이 들지도 모릅니다. 그러나 이 학생처럼 독서를 통해 알 수 있는 것, 생각하게 되는 것, 느끼는 것을 만끽하게 되면 독서 자체가 보상이 됩니다. '재미있으니까 읽고 싶다!'라는 마음이 저절로 솟아나는 것입니다.

3. '독서를 습관화하는 환경 만들기'가 실현되면 펼쳐지는 세계

욘데미를 수강 중인 5학년 남학생은, 처음 시작했을 때는 본인과 부모님이 모두 바쁜 시기였기 때문에 결국 독서하는 습관을 들이지 못하고 단념했습니다. 그러나 6개월 정도 지났을 무렵, 부모님은 새롭게 마음을 먹고 이 학생에게 다시 독서를 시켰습니다.

재수강을 시작했을 때의 목표는 미니 레슨의 습관화였습니다. 욘데미 시스템에서는 하루 한 번 욘데미 선생님이라는 캐릭터의 레슨을 받을 수 있습니다. 3분 정도 되는 이 레슨에서는 독서를 즐기는 법과 독서의 매력에 대해 채팅하며 배울 수 있습니다.

처음부터 책을 읽기는 어려워도, 채팅으로 책 이야기를 하는 정도라면 가능한 아이들이 많습니다.

부모님이 독려한 보람이 있어서 이 학생은 미니 레슨을 계속 받았습니다. 채 한 달도 지나기 전에 **책에 대해 생각하는 시간이 조금씩 늘고, 책 읽는 습관까지 생겼습니다.**

욘데미에서는 인공지능 욘데미 선생님과 채팅으로 책 이야기를 합니다. 이 부분은 가정에서의 대화로 응용할 수 있습니다. 이 책에서

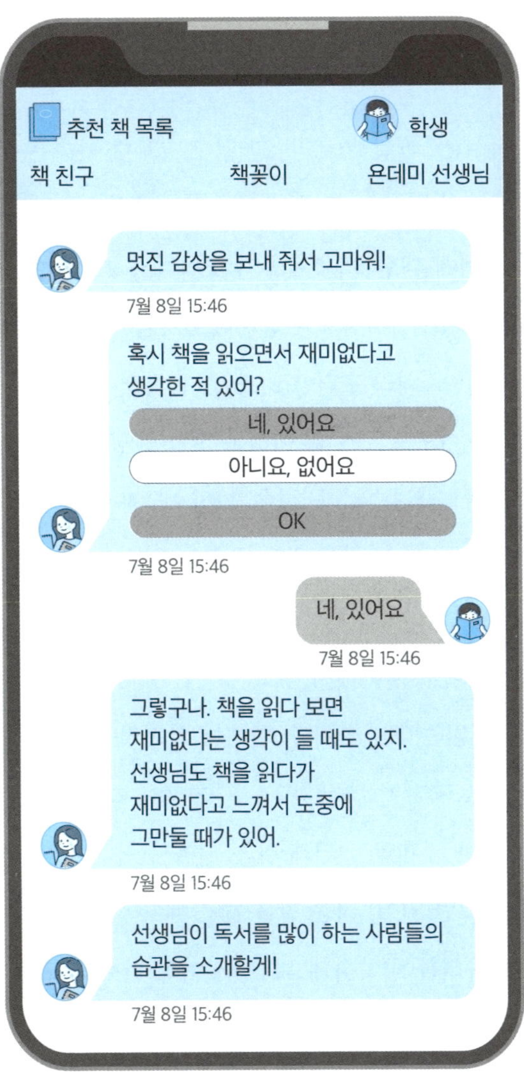

욘데미 선생님과의 짧은 대화로 독서를 즐기는 법과
독서의 매력을 접할 수 있습니다. 가정에서도 아이와
함께 읽고 있는 책에 대한 대화를 해 보세요.

는 보호자가 욘데미 선생님을 대신하는 방법도 설명하고 있으니 참고하세요.

원래 이 학생은 「쾌걸 조로리」[*]만 읽고 그보다 어려운 책으로 나아가지 못했는데, 점차 읽는 책에 변화가 나타났습니다. 게임을 좋아하는 이 학생은 책에 대한 공략 욕구가 솟아나자 '더 레벨이 높은 책에 도전하고 싶다'라고 생각하게 됐습니다. 6개월 후에는 『우리들의 7일 전쟁』, 1년 후에는 「해리 포터 시리즈」를 독파했다는군요.

예전 자신의 기준으로는 꽤 어려운 책들을 공략하면서 이 학생은 단번에 자신감이 생겼습니다. 나아가 친구들과 선생님에게 "독서왕이네"라고 인정받으면서 자부심을 가지고 점점 더 책을 많이 읽게 됐습니다.

지금은 책을 너무 좋아해서 부모님과 함께 마트에 장을 보러 가도 구석에서 책을 읽는다고 합니다. 한때는 자전거 위에서까지 책을 읽으려 들었다네요(물론 위험해서 지금은 그러지 않는다고 합니다). 전에는 "유튜브 좀 그만 봐", "게임 그만해"라는 말을 듣는 것이 일상이었는데 요즘은 "책 좀 그만 읽어!"라는 말을 들을 때도 있답니다.

이 정도로 독서를 좋아하게 되면 더 이상 아무런 도움이 필요 없습니다. **독서가 습관이 되면 아이는 한 사람의 독서가로서 알아서 계속**

---

[*] 1987년부터 현재까지 꾸준히 발매되고 있는 하라 유타카의 어린이책 시리즈로 인기에 힘입어 애니메이션으로까지 제작되었다.

책을 읽게 됩니다. 누가 뭐라고 하든 책이 없으면 못 살게 되고, 책과 함께하는 하루하루가 당연해지는 것입니다.

아이에게 잘 맞는 책을 고르고 독서에 대한 의욕을 유지시켜서 독서를 습관화하는 시스템을 만들면, 아이는 필연적으로 독서가로 성장합니다.

이제부터 그 구체적인 방법을 설명하겠습니다.

3장

아이가 열심히 읽기 시작하는,
취향 저격하는 책 고르는 방법

'레벨'과 '취향'을
확인한다

아이가 독서를 좋아하게 만들 수 있을까요?

이 문제는 어떤 책을 고르느냐에 달려 있다고 해도 과언이 아닙니다. 독서가로 향하는 문은 언제나 자신과 잘 맞는 한 권의 책과 만남으로써 열리기 때문입니다.

처음에는 어려워 보인다고 생각했어도, 막상 읽기 시작하니 의외로 즐겁게 독파할 수 있다면 **'나도 하면 되는구나!'**라는 성취감을 느낄 수 있습니다.

우연히 읽은 책 속에 아주 마음에 드는 세계가 펼쳐져 있어서 **'책은 이렇게 재미있는 거구나. 그렇다면 좀 더 읽어 보고 싶어!'** 하고 설레기도 합니다.

이런 경험을 하면 멀게 느껴졌던 책의 존재가 성큼 가까이 다가오지요.

'책 속에는 처음 보는 두근거리는 세상이 펼쳐져 있고, 내게는 그 세상을 만끽할 능력이 충분해.' 그렇게 느끼면 책에 대한 관심이 점점 커질 것입니다.

이와 같은 한 권의 책을 만나기 위해서는 대체 어떻게 해야 할까요? 여기서 단서가 되는 것이 '레벨'과 '취향'입니다. 아이의 레벨과 취향에 모두 맞는 책을 고르는 일이 중요합니다.

레벨

아이들은 하루하루 성장하지요. 그러므로 성장 단계에 딱 맞는 책을 고르는 일이 매우 중요합니다. 이를테면 익숙하지 않은 한자어나 어려운 단어와 맞닥뜨리면 곧바로 읽기 어려운 책이라고 느낄 것입니다.

특히 독서에 익숙하지 않은 아이에게 책은 그 자체로 접근 장벽이 높은 대상입니다. 심지어 애를 써야지만 읽을 수 있는 어려운 책이라면 금세 덮어 버리고 싶어질 테고요. 또 결말 부분에 모르는 단어가 있어서 다 읽고도 이해하지 못한 탓에, 취향에 맞는 책인데도 재미없다고 느끼는 경우도 있습니다.

이렇게 **레벨이 맞지 않는 책을 읽으며 어렵고 재미없다고 느끼면 독서를 싫어하게 되고 맙니다.**

취향

아이들에게는 각자 나름의 취향이 있습니다. 그 **취향에 딱 맞는 책과 만나면 독서의 재미에 눈뜰 가능성이 높아집니다.** 책의 장르가 판타지인지 학교 배경인지, 등장인물이 호기심이 많은지 혹은 냉철한 성격인지, 이런 특색이 독자의 취향에 맞느냐 아니냐 하는 문제가 독서 후의 만족도에 매우 큰 영향을 미치기 때문입니다.

똑같은 책을 읽어도 아이마다 다르게 느끼는 것이 당연합니다. 인기 있는 책이라고 해서 모든 아이의 마음에 들 수는 없지요. 취향을 의식해서 책을 골라야 재미를 느끼기 쉽습니다.

여기서 아이의 '레벨'과 '취향'을 파악할 수 있게 도와주는 독서 교육이 필요해집니다. 독서 교육을 통해 아이와 궁합이 딱 맞는 책을 만나게 해 주면 독서가로 향하는 문이 더욱 쉽게 열립니다.

'대상 연령'에
연연하지 않는다

책 고르기에 앞서 우선 레벨에 대해 생각해 봅시다. 어떻게 하면 아이에게 적합한 레벨의 책을 찾을 수 있을까요?

레벨을 판단하기 어려울 때 의지하게 되는 것이 아동용 도서에 종종 표기되어 있는 'O세용', '대상 연령 O세'라는 문구입니다. 그러나 유감스럽게도 그 표기를 따라 책을 골랐음에도, 특히 독서를 싫어하는 아이의 경우는 종종 레벨이 맞지 않곤 합니다.

예를 들어 주인공이 3학년인 책에는 자주 '3학년용'이라고 적혀 있곤 합니다. 하지만 이 책이 **주요 독자로 설정한 대상은 '책을 좋아하고 독서에 익숙한 3학년'입니다. 그래서 '책을 그다지 좋아하지 않고 독서와 거리가 있는 3학년'에게는 너무 어려울 가능성이 높지요.**

여기서 상상해 보세요. 독서에 익숙하지 않은 3학년 아이에게, 3학년용이니까 읽으라며 관심도 없는 책을 들이밀면 어떻게 될까요?

어려워서 이해도 잘 안 되고, 읽는 내내 지루함과 불쾌함을 느껴 독서를 싫어하는 마음이 점점 강해지겠지요. 그렇게 해서 독서에 대한 부정적인 이미지가 계속 쌓이면 책과의 거리는 점점 더 멀어지고 맙니다.

아이들의 몸이 성장하는 속도는 저마다 다릅니다. 마찬가지로 독서 능력이 성장하는 속도에도 개인차가 있습니다.

3학년 때는 키가 평균보다 작았던 아이가 6학년 때는 반에서 제일 큰 아이가 되는 일도 있습니다. 독서 능력의 성장도 똑같습니다. 3학년 때는 3학년용 책이 너무 어려워서 읽지 못했던 아이가, 독서 경험을 쌓고 6학년이 되면 6학년용 책을 술술 읽게 될 수 있지요.

독서 능력의 성장이 더디다고 해도 이것이 독서에 소질이 없다는 뜻은 아닙니다. 독서 능력은 몇 살부터라도 기를 수 있습니다. **그때그때 레벨에 맞는 책을 계속 읽어 나가면 그것을 자양분으로 삼아 독서 능력이 성장하는 것입니다.**

'난이도'와 '분량'으로
레벨을 측정한다

책에 거부감을 느끼지 않게 하기 위해서라도 책을 고를 때 레벨을 맞추는 일이 중요합니다. 그러면 구체적으로 어떻게 해야 할까요?

욘데미에서는 **책의 레벨을 글의 '난이도'와 '분량'이라는 두 가지 기준으로 판단합니다.**

난이도

우선 '난이도'를 생각해 봅시다.

20~21쪽에서도 소개했듯 욘데미에서는 욘데미 레벨이라는 독자적인 지표를 설정하고 점수를 매겨서 책 선택의 기준으로 삼습니다.

욘데미 레벨에 사용하는 지표는 다음과 같습니다.

- 한자어의 개수
- 어휘의 난이도
- 한 문장의 길이
- 한자어와 고유어의 비율(한자어 '오찬'은 고유어 '점심'보다 어렵습니다)

이를 기준으로 삼아 책의 난이도를 숫자로 나타냅니다. 참고로 욘데미 레벨은 아이의 독서 능력을 측정하는 지표이기도 합니다.

분량

'분량'은 **전체 글자 수**를 기준으로 삼습니다.

이렇게 **난이도와 분량을 숫자로 나타내면 책의 레벨을 판단하는 근거**로 삼을 수 있습니다.

수강생들의 욘데미 레벨을 조사해 본 결과, 같은 학년이라도 상당히 개인차가 컸습니다. 게다가 레벨이 학년과 비례한다는 보장이 없다는 사실도 명확히 드러났습니다. 예를 들어 2학년 학생의 상위 약 50%와 4학년 학생의 하위 약 50%는 두 학년이나 차이가 나는데도

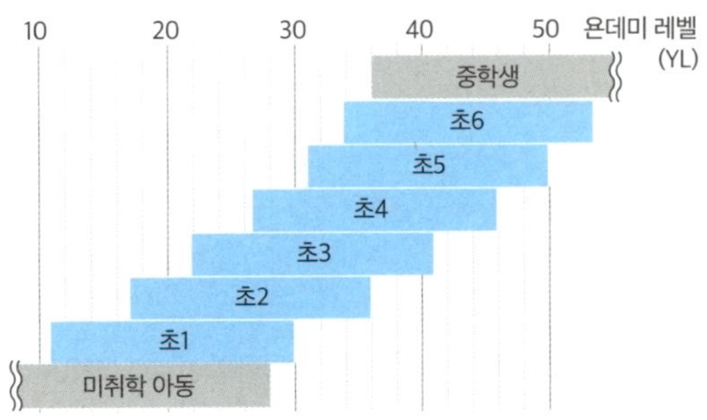

레벨이 같았습니다.

이 결과에서 알 수 있듯이 **아이의 독서 능력은 결코 학년만 가지고 판단할 수 없습니다.**

아이에게 딱 좋은
난이도를 모르겠어요

'지치지 않고 읽을 수 있는 난이도'의 책을 찾아내자

아이에게 딱 좋은 난이도를 모르겠다면, 아이와 함께 도서관의 책장을 둘러보며 우선 감에 맡기고 아무 책이나 한 권 뽑아 보세요. 한 자어의 개수와 한 문장의 길이 등의 기준 외에, 글자 크기와 이해하기 쉬운 삽화 등도 난이도를 판단하는 단서가 됩니다.

일단 한 권을 골랐다면, 그 책보다 쉬워 보이는 책과 어려워 보이는 책을 몇 권 더 고릅니다. 가능하다면 처음 책보다 두 학년 정도 쉬워 보이는 책과 한 학년 정도 어려워 보이는 책을 합쳐 대여섯 권 정도 골라 봅시다. 정확한 난이도를 신경 쓸 필요는 없고, 대략 네 학년 정도의 범위 내에서 선택하면 됩니다.

　다 골랐다면 선택한 책들을 책상에 늘어놓고, 아이가 책을 팔랑팔랑 넘기며 훑어보도록 합니다. 이때 중요한 것은 아이가 꼭 책을 읽지 않아도 된다는 것입니다. "읽다가 지치지 않을 것 같은 책을 골라 볼래?"라고 말하고 최소한 한 권을 고르도록 하면 아이의 독서 능력을 대강 판단할 수 있습니다.

　독서 능력을 더 정확하게 파악하고 싶다면 책의 난이도 폭을 좁혀서 이 과정을 반복합니다. 처음에 고른 책을 기준으로 삼아 대략 한 학기마다 어려워 보이는 책과 쉬워 보이는 책을 합쳐 대여섯 권을 모아 놓고, 그중 '읽다가 지치지 않을 것 같은 책'을 골라 보도록 하는 것입니다.

　이때 중요한 점은 다음과 같습니다.

- 너무 쉬워 보이는 책도 선택지에 포함시키기
- '노력하면 읽을 수 있는' 책이 아니라 '지치지 않고 읽을 수 있는' 책 고르기

　이렇게 하면 **아이가 즐거운 독서를 하는 데에 어느 난이도의 책이 적절한지 알 수 있습니다.**

'난이도'와 '분량'의
균형을 조정한다

앞에서 이야기했듯 레벨을 판단할 때 난이도와 함께 중요한 것이 분량입니다. 아이의 독서 능력에 맞는 책을 고를 때 그 책의 글자 수에도 주목해야 합니다.

아이가 **어려운 책을 읽을 수 있다고 해서 긴 책도 읽을 수 있다는 보장은 없습니다.**

한자어를 많이 알거나 논리적인 사고력을 갖춘 아이는 비교적 어려운 책도 읽을 수 있지요. 하지만 그렇다고 해서 반드시 긴 책도 읽을 수 있는 것은 아닙니다. 긴 글을 읽기 위해서는 체력, 집중력, 앞에서 읽은 내용을 잊지 않는 기억력 등이 필요합니다. 그래서 짧은 글은 읽을 수 있지만 독서에 익숙하지 않기 때문에 긴 글은 읽지 못하는 경우도 있습니다.

반면 **긴 책은 힘들이지 않고 읽을 수 있지만 어려운 책은 읽지 못하는 아이**들도 있습니다. 이런 아이들은 쉬운 책이라면 길어도 계속 읽을 수 있지요. 그러나 어려운 책은 모르는 단어가 많거나 독서 능력이 따라가지 못해 읽기 힘들어합니다.

결론적으로, 아이가 즐겁게 읽을 수 있는 난이도와 분량이 반드시 비례해서 성장한다는 보장은 없습니다. 그러므로 **어려운 책은 읽을 수 있지만 긴 책은 읽지 못하는 경우, 긴 책은 읽을 수 있지만 어려운 책은 읽지 못하는 경우 등 아이가 소화할 수 있는 난이도와 분량에 따라 즐겁게 읽을 수 있는 책의 숫자가 한정됩니다.**

읽을 수 있는 책을 늘려서 풍요로운 독서를 하기 위해서는 난이도와 분량이라는 두 가지 측면에서 균형을 맞추며 독서 능력을 키워 나가는 것이 이상적입니다.

난이도와 분량에 강해지는 방법은 원칙 3(109~111쪽)에서 소개하니 참고해 주세요.

제비를 뽑는 느낌으로
'취향'을 탐색해 본다

그다음으로는 아이의 '취향'을 탐색해 보세요. 여기서 중요한 것은 **처음부터 완벽하게 취향에 맞는 책을 찾으려 애쓰지 않는 일입니다. 시행착오를 반복하며 제비를 뽑는다는 느낌으로 부담 없이 즐기기를 권합니다.**

예를 들어 도서관에 가서 **책 열다섯 권을 빌린다고 해 봅시다. 책을 싫어하는 아이의 경우, 아이의 마음에 드는 책은 그중 두세 권 있을까 말까입니다.** 적중률이 너무 낮다고 느껴질 수 있지만 실제로 그 정도입니다.

다행히 이 세상에는 평생 걸려도 다 읽지 못할 만큼 많은 책이 있습니다. 그러므로 이 책 저 책 펼쳐 보고, 나와 맞지 않는다고 느끼면

주저 없이 내려놓으면 됩니다. 그러다 보면 결국 재미있어서 매료되는 책과 만나는 때가 오지요.

책을 좋아하는 어른들도 사실 빌리거나 구입한 모든 책을 재미있다고 느끼며 처음부터 끝까지 읽지는 않습니다. 수많은 책에서 궁금한 부분만 읽기도 하고, 첫 부분만 읽고 끝내기도 합니다.

이것은 결코 나쁜 일이 아닙니다. 그렇게 함으로써 독서 시간을 더 충실하게 보낼 수 있기 때문입니다.

아이들도 마찬가지입니다. **재미없는 책을 억지로 읽을 필요는 없습니다.** 그럴 시간에 새로운 마음으로 새로운 책을 찾아 읽는 것이 책에 빠져드는 지름길입니다.

참고로 도서관 사서들은 아이들이 책을 추천해 달라고 부탁하면, 대화를 통해서 아이의 취향과 레벨을 파악한 후 적절해 보이는 책을 머릿속의 데이터베이스에서 골라 책 선택에 대한 만족도를 높입니다. 욘데미의 책 선택 시스템은 이 인간미 넘치는 과정을 인공지능의 힘을 빌려 재현한 것입니다.

욘데미에는 2천 권이 넘는 아동용 도서의 데이터가 있습니다. 이 데이터는 '일본어 시험을 보면 틀림없이 100점'을 받는 수준의 정밀도가 높은 분석이 가능한 직원들이 작성합니다. 한 권 한 권 꼼꼼히 읽어서 **장르는 물론이고 등장인물의 속성과 성격, 주요 메시지의 방향성, 읽는 사람에게 전해 주는 감정 등 약 200종에 달하는 항목으로 분**

류합니다. 2인 체제로 확인하며 부지런히 축적한 이 데이터는 상당한 정확성을 자랑합니다.

이렇게 정성스럽게 구성된 욘데미의 책 선택 시스템은 거의 확실하게 아이의 취향에 맞는 책을 찾아내 줍니다. 다만 여섯 권 정도 먼저 골라낸 후 그중 아이에게 맞는 한 권을 다시 찾아야 합니다.

마음에 쏙 드는 책을 찾아내는 일은 그만큼 어렵습니다. 그렇기에 취향에 맞는 책을 한 번에 찾아내려 하지 말고, 제비뽑기 느낌으로 즐기며 탐색해 나가는 것이 좋습니다.

'맛보기 독서'로
5분씩 읽는다

자신에게 잘 어울리는 옷을 사고 싶을 때, 가게에 가서 마음에 드는 옷 몇 벌을 입어 보곤 하잖아요? 직접 입어 보고 확인하는 과정을 거치면 더 만족도 높은 선택을 할 수 있으니까요.

아이의 책을 고를 때도 마찬가지로 하면 됩니다. 우선 책을 이것저것 조금씩 읽혀 보세요. **마음 가는 대로 책 '맛보기'를 하게 하는 것입니다.**

구체적인 방법은 이렇습니다. **아이와 함께 도서관의 책꽂이를 훑어보며 최대한 다양한 장르의 책을 대여섯 권 골라 보세요.** 혹시 아이 스스로 재미있어 보인다거나 읽어 보고 싶다며 선택한 책이 있다면, 어떤 내용이든 흔쾌히 후보에 포함시킵니다.

책을 다 고르고 나면 책상에 펼쳐 놓고 첫 부분만 읽어 보게 합니다. 5분 정도 읽고 나면 다음 책으로 넘어갑니다. 또 5분이 지나면 그 다음 책으로 넘어갑니다. 이렇게 해서 여러 책을 맛보기 하듯 읽게 해 보세요.

그렇게 하다 보면 '탈것이 많이 나오는 책보다는 동물이 주인공인 책', '글자가 많은 책보다는 그림책' 등 그 아이 특유의 경향이 조금씩 드러납니다. 이후 **아이가 계속 읽어 보고 싶어 하는 책만 읽도록 하면 됩니다.**

맛보기 독서를 하다 보면 지금 아이에게 어떤 책들이 잘 맞는지 조금씩 선명하게 드러납니다.

중요한 것은 일단 많은 책을 접해 보는 일입니다. 다양한 책을 접하면서 '이게 좋아', '이건 아니야'라고 느끼면서 대상을 좁혀 나가게 해 보세요. 그렇게 **시행착오를 반복하며 탐색해 나가다 보면 언젠가 반드시 마음에 와닿는 책과 만나게 됩니다.**

'맛보기 독서'용 책을
어떻게 골라야 할지 모르겠어요

두 가지 선택지를 준다

'맛보기 독서'용 책을 고르고 싶지만 막막한가요?

이럴 때는 **책 두 권을 대강 골라서 아이에게 표지를 보여 주며 "이 중에 어느 책이라면 읽어 봐도 괜찮을까?"라고 물어보는 것도** 하나의 방법입니다. 선택지를 둘로 좁히면 아이가 대답하기 쉬워지니까요. 그 대답에서 취향도 드러나고요. 둘 중 하나 선택하기를 반복하다 보면 취향이 점점 명확해집니다.

이때 주의할 점은 두 책 중 하나를 반드시 읽어야 한다는 전제로 질문해서 압박감을 주지 않는 것입니다. "둘 중에 뭐 읽을래?"라고 물으면 아이는 두 책 중 하나를 반드시 읽어야만 한다는 압박을 느끼게 됩니다. 사소한 문제라고 생각할 수도 있지만, 이 뉘앙스는 아이의 마음에 생각보다 큰 영향을 미칩니다.

"어느 거라면 읽어 봐도 괜찮을까?", "어느 책이 더 재미있어 보이니?" 등 아이에게 읽기를 강요하지 않는 질문을 하세요. 책을 읽을지 말지 결정하는 사람은 어디까지나 아이 본인이어야 합니다.

표지만 보고 어떤 책일지
예상하는 게임 해 보기

취향을 탐색할 때, **표지의 그림을 보고 책의 내용을 예상하는 게임**을 해 보는 것도 추천합니다. 책을 몇 권 늘어놓고, 표지가 주는 인상만을 단서로 삼아 내용을 상상해 보는 것입니다.

"쿠키랑 여자아이 그림이 있으니까 쿠키를 좋아하는 여자아이 이야기일까? 아니면 여자아이가 쿠키를 만드는 이야기일까?"

"배에 탄 아이들 그림이 있구나. 이 아이들이 모험하는 이야기일지도 모르겠네."

이처럼 함께 상상의 나래를 펴는 과정, 예상 내용을 서로 이야기하는 과정이 아이의 마음을 설레게 할 것입니다.

그다음에는 예상을 바탕으로 궁금한 책만 골라 Tips 05의 맛보기 독서(88~89쪽)를 해 보세요. 맛보기 독서이니 처음부터 끝까지 읽지 않아도 괜찮습니다. 첫 부분을 읽어 본 후, 더 읽고 싶다는 생각이 드는 경우에만 계속 읽으면 됩니다.

책의 내용을 예상하는 이 게임은 읽어 보지도 않고 싫어하는 태도를 극복하는 데 도움이 됩니다. 애초에 이런 태도는 '표지를 봤는데 안 끌리니까 읽기 싫어'라는 표면적인 거부반응인 경우가 많지요. **표지에서 한발 나아가 내용을 상상해 보면 의외로 흥미진진함을 느끼는 경우가 적지 않습니다.**

실제로 읽어 본 후 예상했던 내용이 맞는지 비교해 보면 다음과 같은 사실을 실감할 수 있습니다.

- 표지를 통해 알 수 있는 정보가 전부는 아니다.
- 표지만 보고 책을 읽지 않겠다고 판단하는 것은 손해다.

그렇게 해서 성공적인 독서 경험으로 이어집니다.

읽지 않은 책에 대해서도
한마디 메모하기

맛보기 독서를 하다 보면 읽고 싶은 마음이 들지 않는 책과 만나기도 합니다. 책을 고르는 일은 제비뽑기와 비슷하므로 당연한 일입니다. 재미있어 보이는 책과 만나지 못했다고 해서 걱정할 필요는 전혀 없습니다. '꽝'인 책을 뽑기도 하고, '당첨'인 책을 뽑기도 하는 것이니까요. 그런 경험을 쌓아 나가다 보면 아이의 취향이 보이고, 아이의 마음에 드는 책을 점점 찾기 쉬워집니다.

아이의 취향을 빨리 파악하고 싶을 때 효과적인 것이 독서 기록입니다. 재미있다고 느낀 책뿐만이 아니라 재미없다고 느낀 책에 대해서도 간단히 메모해 두세요. 책이 마음에 들지 않는 경우와 마음에 드는 경우 모두, 한마디라도 좋으니 그 이유를 기록하는 것입니다. 기

No	월/일	제목	평가	감상·메모
1	2/19	도토리 고로	○	고로가 귀여웠다!
2	2/25	사랑해 너무나 너무나 📖*	◎	탱고가 태어나서 다행이다! 탱고가 귀엽다.
3	3/1	10층 마법사의 성 📖	☆	마법사가 된 기분을 느낄 수 있어서 신났다.
4	3/1	개구리의 소원 - 잠자기 전에 <2>	◎	여러 이야기가 있어서 재미있었다!
5	3/2	강아지가 태어났어요 📖	△	강아지가 어떻게 태어나는지 알았다!
6	3/9	원숭이의 하루 📖	○	바다거북 할아버지의 이야기를 더 알고 싶었다.
7	3/10	눈 창문	△	무서웠다.
8	3/13	산타클로스 돕기	☆	멋진 이야기였다. 나는 북극곰을 타 보고 싶다.
9	3/26	엄마가 좋아 📖	◎	나도 엄마가 좋아.
10	4/10	수달 3형제	△	그림이 바보 같아서 재미있었다.

록을 쌓아 나가면 취향이 눈에 더 잘 보여, 이후 책을 고를 때 마음에 드는 책을 발견하기 쉬워질 테니까요.

처음에는 아이의 반응을 관찰하며 보호자가 메모하면 어떨까요? 조금 익숙해지고 나면 아이에게 감상을 물어보며 함께 메모를 하고요. 아이에게 부담을 주지 않고 지속할 방법을 찾아보세요.

위의 독서 기록은 욘데미를 수강하는 초등학생의 실제 감상을 바탕으로 작성한 것입니다. 독자 여러분도 이 같은 '독서 기록지'를 활용해 보세요.

* 한국어판 출간작이 있는 경우에는 책 옆에 📖 아이콘을 넣어 표시했다.

원칙 1 정리

○ 독서 능력의 성장 속도는 아이마다 다르기 때문에, 책에 표기된 대상 연령이 아이에게 들어맞지 않는 경우가 많다.

○ 책의 레벨은 '난이도'와 '분량'을 보고 판단한다.

○ 난이도와 분량을 소화하는 능력을 균형 있게 키워 나가면 즐겁게 읽을 수 있는 책이 많아진다.

○ 난이도와 분량이 아이에게 딱 맞는 책을 찾기는 쉽지 않다.

○ 아이의 취향은 제비를 뽑는 느낌으로 시행착오를 반복하며 찾아내면 된다.

우선은 '즐겁게'
그리고 '많이', '폭넓게' 읽는다

'레벨'과 '취향'을 파악해서 자신에게 맞는 책을 읽을 수 있게 됐다면, 그다음은 '많이' 읽는 일을 목표로 삼아 봅시다. **습관적이고 주체적으로 책을 읽을 수 있도록 해서, 그 결과로 책을 많이 읽는 상태가 되도록 하는 것입니다.**

다만 이때 안달하면 안 됩니다. 아이가 '즐겁게' 독서할 수 없는데 억지로 '많이' 읽히려고 하고 있지는 않은가요?

한번 상상해 보세요. 즐겁지도 않은 일을 많이 해야 한다면 괴롭겠지요. 그런 상황이 계속되면 겨우 좋아지던 일도 싫어지거나 기피하게 될 가능성이 있고요.

그렇기에 '즐겁게, 많이, 폭넓게'의 순서로 나아가는 것이 중요합니

다. '많이' 읽을 수 있게 되기 전까지는 항상 '즐겁게'를 중시하며 책을 대하도록 합시다.

때로는 레벨을 낮춰서 독서의 부담을 덜어 주고 즐거움을 더 쉽게 느끼도록 할 수도 있습니다. 어쨌든 중요한 것은 첫 단계의 '즐겁게'입니다.

이 상황을 축구에 대입해서 생각해 볼까요?

아이가 축구를 배울 때의 첫 단계는 공차기의 즐거움을 알려 주는 것입니다. 그 즐거움을 충분히 알고 나면 다음 단계로 테크닉을 익힙니다. 공을 차는 즐거움을 실감하지 못하는데 수비 연습을 시작한다면 축구를 계속하고 싶은 마음이 들기 어렵겠지요.

즐거움을 느끼면 자연스럽게 좋아지고, 계속하고 싶어지는 법입니다. 그러므로 '즐겁게' 독서할 수만 있다면 자연스럽게 습관이 되어 독서량이 늘어나고 읽는 책의 범위도 넓어집니다.

우선은 독서의 즐거움을 계속 느끼는 것이 가장 중요합니다.

'기껏 산 책인데'라고
생각하지 않는다

우선은 '즐겁게'가 최우선이므로, 처음에는 독서 방식을 걱정할 필요가 없습니다. 일단 즐겁게 독서할 수 있는 방법을 실천하는 일이 중요합니다.

독서를 갓 시작한 아이들이 흔히 품는 오해 중 하나가 '책은 끝까지 읽어야만 한다'라는 것입니다. 재미가 없더라도 일단 읽기 시작한 책은 끝까지 읽어야만 한다고 생각하는 아이가 의외로 많습니다.

아이들만 그렇게 오해하는 것은 아닙니다. 독자 여러분도 책을 사서 읽기 시작했는데 그다지 재미가 없을 때 '그래도 기껏 샀으니까 끝까지 읽어야지, 아깝잖아'라고 스스로를 압박한 적이 있지 않나요?

그 마음은 충분히 이해할 수 있습니다. 그러나 그럴 때는 생각을 조금 바꿔 보기를 권합니다.

독서가들은 어떤 책을 그만 읽기로 결정할 때 그 판단이 빠르고, 죄책감을 느끼는 일도 없습니다. 세상에는 수많은 책이 있으며 읽고 싶은 책은 끊임없이 등장하기 때문입니다. 그렇게 생각하면 어떤 책을 '그만 읽기로 판단'하는 것은 오히려 훌륭한 독서가의 자세라고 할 수 있습니다.

'재미없다'고 생각하면서 억지로 계속 독서를 하다 보면 '즐겁게 독서를 할 수 없는 상태'가 될 위험이 있습니다. 독서를 좋아하지 않는 아이의 경우는 특히 그런 경향이 강하기 때문에 억지로 읽히는 것은 피하는 편이 좋습니다.

Tips 05(88~89쪽)에서 소개한 '맛보기 독서'는 취향 탐색을 위해 우선 5분간 읽어 본 후 더 읽을지 말지 결정하며 책을 고르는 방법이었습니다. 어떤 책이든 아이에게 이 방법으로 읽혀 보고 '재미있다', '더 읽고 싶다'라는 반응일 때만 계속 읽도록 해 주세요.

조금 읽어 보고 자신에게 맞지 않는다고 느끼면 그만 읽으면 됩니다. 새로운 책을 펼쳐서 '재미있다'라고 느끼며 읽는 일이, '재미없다'고 생각하며 계속 읽는 것보다 훨씬 가치가 있으니까요.

Tips 09

'판다 독서'로
깊이와 속도가 있게 읽는다

독서에 익숙해져서 즐거움을 느낄 수 있게 되면, 다음으로 도전해야 할 것은 '깊이 있게 읽기'와 '속도감 있게 읽기'입니다.

이때 추천하는 방법이 '판다 독서'입니다.

판다 독서란 자신과 레벨이 맞는 책들 사이에 그보다 쉬운 책을 섞어서 읽는 방법입니다.

판다는 몸의 대부분이 하얗지만 눈 주위, 귀, 손발은 까맣지요. 흰색 속에 군데군데 검은색이 섞여 있습니다. 판다의 털 색깔처럼 기본적으로는 레벨에 맞는 책을 읽으면서 때때로 그보다 쉬운 책을 섞어서 읽는 것이 판다 독서입니다.

판다 독서에서 쉬운 책을 읽을 때는 어려운 책을 읽을 때와 비교해서 내용이 훨씬 원활하게 머릿속에 들어옵니다. 그때 비로소 상상의 세계가 드넓게 펼쳐집니다. **책을 읽고 해석하는 데 큰 에너지를 쓰지 않아도 되는 상태야말로, 상상을 위한 여력이 남아 있어서 깊이 있는 독서를 즐길 수 있기 때문입니다.**

이것은 아이나 어른이나 마찬가지입니다. 어려운 책을 읽을 때는 내용을 해석하기에도 벅찹니다. 그러면 등장인물의 감정을 느끼거나 앞으로의 전개를 예상하는 데에 상상력을 발휘할 여지가 없지요. 이렇게 과부하가 걸린 상태에서는 깊이 있는 독서가 불가능합니다.

그럴 때 효과적인 것이 판다 독서입니다. 판다 독서를 하면 아이는 상상의 나래를 펼칠 기회를 얻을 수 있습니다. 그 경험을 축적하는 동안 상상력이 길러지고 깊이 있는 독서가 가능해집니다.

또 판다 독서에서 쉬운 책을 읽을 때는 당연히 어려운 책을 읽을 때보다 내용을 더 원활하게 이해할 수 있습니다. 그러면 평소보다 내용이 머리에 술술 들어오는 쾌감을 느끼며 빠르게 책을 읽어 나갈 수 있습니다.

속도감 있게 쭉쭉 읽어 나가다가 산뜻하게 독서를 마무리하는 느낌은 기분 좋은 성취감으로 이어집니다. **독서 습관을 유지하며 '많이', '폭넓게' 읽어 나가기 위해서는 이런 긍정적인 느낌을 갖는 것이 효과적입니다.**

아이 나름의 '즐거운 독서 방법'을 존중한다

아이가 독서를 점점 즐기게 되는 시점에서 보호자 분이 "아이가 책을 띄엄띄엄 읽는 것 같은데, 어떻게 해야 하나요?"라는 상담을 요청하는 일이 있습니다.

그때 제 대답은 이렇습니다. **"아이 나름대로 독서를 즐기고 있는 것 같다면 마음대로 하게 두셔도 됩니다."**

아이의 성장을 지켜보다 보면 '이 애라면 더 잘할 수 있을 거야'라는 기대를 품고 이끌어 주고 싶어지는 경우가 있지요. 그러나 그 기대가 너무 커지면 아이를 압박하게 됩니다. **어른이 기대를 가지고 과도하게 지도하면 아이가 느끼는 즐거움이 줄어들어 독서 기피로 이어질 가능성도 있습니다.**

그러므로 아이의 '즐거움'을 우선하고, 이러니저러니 간섭하지 않도록 주의해야 합니다. **아이가 안심하고 자기 나름대로 독서를 즐길 수 있는 분위기를 만들어 주세요.**

어른의 시점에서 보면 다소 신경 쓰이는 부분이 있을지 몰라도, 아이 본인이 즐거움을 느낀다면 장기적인 안목을 가지고 지켜봐 줘야 합니다.

아이가 책을 띄엄띄엄 읽어서 걱정돼요

아이 나름의 독서 방법과 즐기는 방법을 인정하자

아이가 책을 띄엄띄엄 읽는 모습을 보면, 그러다가 버릇이 되지는 않을지 걱정될 수도 있습니다. 그러나 아이가 그런 독서 방법을 즐기고 있다면 억지로 고치려 드는 것은 좋지 않습니다. '이렇게 해라'라고 시킨다고 해도 어차피 아이 본인의 의사가 따라 주지 않으면 잘되지 않는 경우가 많기 때문입니다.

어른이 이상적이라고 여기는 독서 방법을 아이가 따르지 않는다고 해도 인내심을 가지고 그저 지켜봐 주세요. 띄엄띄엄 책을 읽는 아이의 모습이 즐거워 보이지 않나요?

아이의 독서 방법이 '일반적'이라고 인식되는 독서 방법에서 벗어

난 경우라도 '이 아이는 이렇게 독서를 한다'라는 사실을 있는 그대로 받아들여 주세요.

'책을 띄엄띄엄 읽지 않는다'라는 이상적인 독서 방법을 강요하면 '이 방법으로 즐겁게 책을 계속 읽고 싶어'라는 아이의 의욕을 꺾을 가능성도 있습니다.

그래도 역시 신경이 쓰여 어쩔 수 없다면 책의 레벨을 낮추거나 은근슬쩍 판다 독서를 권해 볼 수 있습니다. 아이 나름의 독서 방법을 존중하면서 더 좋은 방향을 탐색해 나갈 수 있다면 좋겠지요.

독서 방법에 정답은 없습니다.

어른들은 책의 내용을 정확히 머릿속에 넣는 독서야말로 '이상적인 독서 방법'이라고 정의하는 경향이 있습니다. 그러나 생각해 봅시다. 아이가 나름대로 읽고 받아들인 내용을 단서로 삼아, 자신만의 의미를 얻는 일이 더 중요하지 않을까요?

책을 읽기 싫은 날은
쉬운 책을 조금만 읽는다

바쁘거나 피곤해서 책을 읽고 싶은 마음이 들지 않는 날도 있지요? 그럴 때도 역시 판다 독서가 최적입니다. 내키지 않을 때는 억지로 어려운 책을 읽기보다 쉬운 책을 가볍게 부담 없이 읽는 것이 좋습니다. 그렇게 하면 독서에 대한 긍정적인 감정을 유지할 수 있으므로 독서를 계속하기 쉬워집니다.

끝까지 읽었을 때의 성취감은 독서를 계속하는 동기 부여로 이어집니다. **책 읽기가 힘들 때는 한 권을 끝까지 읽을 수 있도록 레벨을 낮춰도**(평소보다 쉬운 책을 고르거나 가능하면 글자 수가 적은 책을 고르기) **좋을 것입니다.**

하루에 책 한 권을 다 읽을 필요는 없습니다. 끝까지 읽고 싶은 책을 만났다면 다 읽는 데 며칠이 걸린다 해도 괜찮습니다. 그러기 위해 일상적인 독서 목표는 '하루 한 권'처럼 권수로 정할 것이 아니라 '하루 10분'처럼 시간으로 정하는 것이 좋습니다.

정해진 시간만큼 책을 읽을 경우, 어중간한 부분에서 독서가 끝나게 될 수도 있습니다. 그런데 의외로 이것이 독서를 습관으로 만드는 데 긍정적으로 작용할 수 있습니다.

예를 들어 드라마는 다음 내용이 궁금한 타이밍에 '다음 회에 계속'이라는 자막과 함께 끝나기 때문에 '계속 보고 싶다'는 마음이 솟아나지요. 마찬가지로 책도 읽던 도중에 중단시키면 '계속 읽고 싶다'는 마음이 강해집니다. 그렇게 기대를 심어 놓으면 다음 날의 독서가 기다려져서 독서의 습관화에 도움이 될 수도 있습니다.

원칙 2 정리

- 우선 '즐겁게' 읽을 수 있게 된 후 '많이', '폭넓게' 독서하는 것을 목표로 삼는다.
- 재미없다고 느낀 책은 미련 없이 그만 읽어도 좋다.
- 쉬운 책을 끼워 넣는 '판다 독서'를 하면 깊이 있고 속도 있게 독서하는 능력이 길러진다.
- 띄엄띄엄 독서를 해도 즐겁게 읽는다면 그대로 지켜본다.

세로 방향(레벨)과 가로 방향(장르)으로 독서의 폭을 넓힌다

'레벨'과 '취향'을 기준으로 즐겁게 읽을 수 있는 책을 찾아낼 수 있게 되고, 그 책들 덕분에 독서가 습관이 되기 시작했다면 이번에는 '폭넓게' 읽기를 목표로 삼아 봅시다.

이제부터 '즐겁게, 많이, 폭넓게'의 마지막 단계인 '폭넓게'를 실현하는 방법을 소개하겠습니다.

여기서 이야기할 '독서의 폭'에는 세로 방향과 가로 방향이 있습니다. 세로 방향은 읽는 책의 레벨을 높이는 것에 해당하고, 가로 방향은 읽는 책의 장르를 넓히는 것에 해당합니다.

어려운 책을 읽을 수 있게 되면 속이 꽉 찬 독서 경험을 하게 되지요. 그렇다고 해서 어려운 책을 읽는 능력만 갖추면 다 되는 것이 아

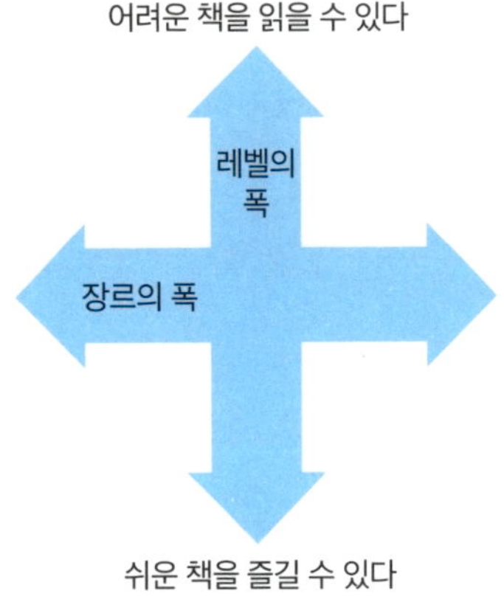

독서의 폭이 세로 방향과 가로 방향으로 모두 넓어지면 즐길 수 있는 책이 늘어나 독서 경험이 풍요로워진다.

닙니다. 그림책으로만 표현할 수 있는 세계와 메시지를 생생한 감수성으로 받아들이는 체험은 인생을 풍요롭게 만들어 줍니다.

독서 능력을 길러서 레벨을 높이면 읽을 수 있는 책의 세로 폭이 크게 넓어져서 많은 책을 즐길 수 있게 됩니다. 글자가 적고 읽기 쉬운 그림책 등은 물론이고, 독해력이 요구되는 소설 같은 책들까지 읽을 수 있게 되기 때문입니다.

또 읽을 수 있는 책의 가로 폭을 넓혀서 다양한 장르의 책을 읽을 수 있게 되면 독서가 점점 더 즐거워집니다. 반대로 폭을 넓히지 않고 같은 장르의 책만 계속 선택하면, 읽을 수 있는 책의 수가 한정될 위험이 있습니다.

이를테면 동물 주인공이 등장하는 책은 초등학교 저학년 아이들에게 인기가 많기 때문에 그 연령대 아이들의 독서 능력에 맞춘 것이 많이 출판됩니다. 이런 책에 대한 관심은 나이가 들면서 줄어드는 경향이 있으므로 고학년의 독서 능력에 맞춘 것은 적습니다.

그래서 고학년 이상이 되면 동물이 주인공인 책을 계속 읽고 싶어도 적당한 것을 찾기 어려워지며, 동물이 주인공인 책에만 익숙한 아이라면 독서에서 멀어지기 쉬워집니다.

그렇기에 **세로 방향과 가로 방향의 균형을 맞춰서 독서 능력을 키워나가는 일이 이상적입니다.** 그렇게 하면 읽을 수 있는 책이 늘어나므로 독서를 계속해서 풍요롭게 즐길 수 있습니다.

'분량'을 소화하는 능력을 기른다

이제부터 읽을 수 있는 책의 세로 폭(레벨)을 넓히는 방법을 소개하겠습니다.

책의 레벨을 판단하는 기준은 '분량'과 '난이도'입니다. 레벨을 높일 목적으로 책을 고를 때는 이 두 가지 요소를 조정하면서 부담이 너무 커지지 않도록 살피는 일이 중요합니다. '분량'과 '난이도'를 동시에 갑자기 높이면 아이가 좌절하기 쉬우니까요. 그런 상황을 피하기 위해서라도 '분량'과 '난이도'는 한 번에 하나씩, 조금씩 높여 나가는 것이 좋습니다.

우선 '분량'을 소화하는 능력부터 길러 주기를 추천합니다. 책에 푹 빠져서 몰두한 상태라면 조금 긴 책이라도 그대로 독파할 가능성이 있습니다.

폭을 넓히는 순서는 우선 '쉽지만 긴 책'을 읽어서 많은 분량에 익숙해지고, 그다음에 '어렵지만 짧은 책'을 읽어서 높은 난이도를 소화하는 능력을 기르는 것이 이상적입니다. 이후 '난이도'는 그대로 둔 채 '분량'을 조금씩 늘려 나가면 무난하게 '어렵고 긴 책'을 읽을 수 있게 됩니다.

레벨을 높일 때는 이처럼 '분량'과 '난이도'를 조정해서 부담이 너무 커지지 않도록 배려하는 것이 이상적입니다. 그렇게 하면 책을 '즐겁게', '많이' 읽을 수 있는 상태를 유지하면서 읽는 책의 세로 폭을 넓혀 나가기 쉽기 때문입니다.

조금 더 분발해서 '80% 이해되는 책'으로 독서 능력을 높인다

독서 능력을 키우기 위해서는 지나치게 쉽지 않으면서 또 지나치게 어렵지도 않아 무난하게 이해할 수 있는 책을 읽어 나가는 것이 효과적입니다. **'즐겁게', '많이' 읽을 수 있는 상태를 유지하며 독서 능력을 강화해서, 조금씩 세로로 '폭넓게' 읽을 수 있도록 하는 것입니다.**

쉽게 100% 이해할 수 있는 책만 읽다 보면 새로운 어휘, 표현, 세계관과 만날 기회가 적어 세계가 확장되기 어렵습니다. 그러므로 **조금만 더 분발해서 '80~90% 이해할 수 있는 난이도'의 책에 도전해 보는 것이 이상적입니다.**

단어의 의미와 문맥을 대략 이해할 수 있어서, 가끔 이해되지 않는 부분이 있어도 계속 읽을 수 있는 책을 추천합니다. 이해되지 않는

10~20%의 부분을 읽을 때는 물론 부담이 되겠지요. 그러나 **그 부담이야말로 독서 능력을 키우는 데에 반드시 필요한 요소입니다.**

이때 주의할 점은, 어려운 책에 도전할 때는 반드시 익숙한 장르의 책을 골라야 한다는 것입니다. 예를 들어 위인전을 읽어 본 적이 없는 아이에게 평소 읽던 책보다 레벨이 높은 위인전을 읽히는 것은 추천하지 않습니다.

10~20%라고는 해도 이해되지 않는 내용이 포함된 책을 읽는 일은 부담스럽습니다. 그러므로 중간중간 쉬운 책을 섞어서 읽는 Tips 09(101~102쪽)의 판다 독서를 실천하면 좋습니다. 부담이 너무 커지지 않도록 쉬운 책을 함께 읽어서 균형을 맞추는 것입니다.

자존심 때문에
어렵다고 말하지 못하는 마음을 이해한다

'즐겁게', '많이' 그리고 서서히 '폭넓게' 책을 읽을 줄 알게 된 아이는 자신감을 갖게 됩니다.

이것은 아주 좋은 일이지만, 지나치게 어려운 책을 읽고도 자존심 때문에 '어려웠다'고 말하지 못하는 경우가 생길 수 있습니다. 또 스스로 자각은 못하지만 책을 띄엄띄엄 읽어서 내용을 제대로 이해하지 못하는 경우도 있습니다.

아이의 취향에 맞는 책을 골랐는데도 어째서인지 즐기지 못하는 듯 보인다면, 책이 지나치게 어렵기 때문일 수도 있습니다. 한창 재미있는 절정 또는 결말 부분을 이해하지 못하거나 띄엄띄엄 읽는 탓에 즐길 수 없는 것이지요. 다시 말해 **레벨을 너무 높인 탓에 '즐겁게'를**

놓친 상태입니다.

이런 상황이 지속되면 즐거움을 만끽하지 못하게 되어 독서와 멀어질 가능성이 있습니다. 그러니 어떤 상황인지 눈치챘다면 곧바로 책의 레벨을 낮춰야 합니다. 레벨을 낮추면 다시 즐겁게 독서할 수 있습니다.

책의 레벨을 높일 때는 아이가 '즐겁게' 읽을 수 있는지 신경을 써야 합니다. **아이들이란 자존심을 내세울 때도 있으므로 아이를 관찰하며 적절한 레벨의 책을 선택해 주세요.**

새로운 장르의 책을 읽을 때는 레벨을 낮춘다

이제부터 읽는 책의 장르를 넓히는 방법을 소개하겠습니다. 아이들에게 인기 있는 판타지를 예로 들어 볼까요?

초등학교 고학년이 되면 판타지를 좋아하게 되는 경향이 있는 듯합니다. 이런 배경에서 보호자가 '이제 고학년이니까 슬슬 판타지를 읽혀 볼까?' 하고 아이에게 권했다고 칩시다. 그때 흔히 일어나는 일이 있습니다. 바로 **'지금껏 문제없이 읽었던 레벨의 책인데도 잘 읽지 못하는' 현상입니다.**

이것은 장르가 달라지면 표현도 달라지기 때문에 일어납니다. 그래서 익숙한 장르의 책은 충분히 발휘되던 독해력이, 레벨은 같지만 장르가 낯선 책을 읽을 때는 잘 적용되지 않는 것입니다.

한 예로 마법이라는 개념이나 지팡이를 마법 도구로 사용한다는 것 등을 모르면 원활하게 이해할 수 없는 판타지 작품들도 있습니다. 이처럼 그 장르 특유의 지식이 부족하면 독해가 어려울 수 있습니다.

읽으면서 이해가 안 된다고 느끼면 '재미없다'는 감각으로 이어지기 쉽습니다. 그 흐름을 피하기 위해서라도 처음에는 쉽게 읽을 수 있는 레벨의 책을 선택해서 아이가 내용을 잘 이해하도록 해야 합니다.

모르는 말이나 설정이 포함되어 있는 책이라도, 쉽거나 분량이 짧으면 읽을 때 부담이 적습니다. 그렇게 하면 계속 '즐거움'을 느끼면서 독서를 이어 나갈 수 있습니다.

좋아하는 장르와의 중간 지점을 택하면
새로운 장르도 받아들이기 쉽다

아이에게 새로운 장르의 책을 읽히고 싶을 때 어떻게 책을 고르면 좋을까요?

아이가 '강요당한다'라고 느끼지 않아서 실패할 위험이 적은 방법으로, '아이가 좋아하는 장르와의 중간 지점'을 노려 보세요.

학교가 배경인 책을 좋아하는 아이에게 판타지를 읽히고 싶다고 해 봅시다. 그렇다면 학교 배경이면서 동시에 판타지의 요소를 함께 갖춘 책을 골라 보면 어떨까요? 원래 좋아해서 친숙해진 학교 배경의 책이라면 위화감 없이 받아들이기 쉽고, '읽어 보고 싶다'는 마음도 싹트기 쉽습니다.

아이가 좋아하는 장르와 새로운 장르의 중간 지점에 있는 책을 권

하면 아이의 관심을 더 잘 이끌어 낼 수 있습니다.

물론 중간 지점에 있는 딱 좋은 책을 찾아내기는 쉽지 않지요. 그럴 때는 도서관을 활용해 봅시다. 도서관의 사서들은 수없이 많은 책을 알고 있는 책 선정의 전문가니까요. 사서의 힘을 빌려서 원하는 책을 찾아보세요. 사서에게 질문할 때는 다음과 같이 하면 좋습니다.

"학교 배경의 책을 좋아하는 3학년 아이이고, 요즘은 『○○○』 같은 책을 읽고 있어요. 판타지도 좀 읽으면 좋겠는데요, 학교 배경에 판타지 요소가 있는 책 중에서 추천해 주실 수 있나요?"

이처럼 아이의 레벨, 취향, 원하는 장르를 명확하게 이야기하면 그것이 단서가 되어서 적절한 책을 더 쉽게 찾아 줄 수 있습니다.

로맨스물을 좋아하는 아이에게
역사물을 읽히고 싶어요

로맨스와 역사가 모두 담긴 책을 선택하자

로맨스물을 좋아하는 아이에게 역사물을 읽히고 싶다면, 로맨스물과 역사물의 중간 지점을 노려 봅시다.

예를 들어 역사물 중에서 로맨스가 펼쳐지는 책이라면 로맨스 부분에 관심을 가지고 '재미있겠다'라고 느낄 수 있겠지요. 그 책이 아이의 마음에 든 것 같다면 다음에는 그 책과 역사적 배경이 비슷한 책을 찾아보세요. 처음에는 아이가 좋아하는 로맨스 요소가 포함된 것이 이상적이고, 그 후 점점 로맨스 요소를 줄여 나가며 본격적인 역사물로 옮겨 가는 것이 좋습니다.

이 단계에서 책을 고를 때는 한 번에 아이의 마음을 사로잡겠다는 욕심을 버리고 제비뽑기 같은 느낌으로 즐겨 보면 어떨까요? 다양한 책을 읽다가 그중 '재미있다'라고 느껴지는 책과 만나게 될지도 모르니까요. 그러다 보면 곧 역사물도 재미있게 읽게 될 것입니다.

특정한 책을 읽어 보라고 권하지 않는다

욘테미의 인기 콘텐츠 중에 '북토크 영상'이 있습니다. 두 선생님이 등장해서 좋아하는 책을 서로 추천하는 내용으로, 추천 도서의 인상적인 장면이나 읽으면서 느낀 감상 등을 이야기합니다.

솔직히 이 영상의 목적은 단순한 책 소개가 아닙니다. 어른들이 책에 대해 즐겁게 이야기하는 모습을 보여 주는 것이지요.

스포츠 선수처럼, 사람들이 좋아하는 일에 몰두하고 그것을 진심으로 즐기며 이야기하는 모습을 보면 우리는 동경하는 마음을 품습니다. 아이들의 경우는 영상 촬영을 열정적으로 즐기며 시청자들을 향해 이야기하는 유튜버도 동경의 대상이지요.

책의 경우에도 마찬가지입니다. 책에 대해 즐겁게 대화하는 모습을 보면 아이들은 독서에 흥미를 느끼고 '책 읽는 것도 재미있겠네', '이 책 읽어 보고 싶다'라고 생각하게 됩니다.

이 북토크 영상들을 본 가정에서는 "평소 읽던 것보다 훨씬 어려운 책인데도 아이가 관심을 보이고, 푹 빠져들어 순식간에 읽어서 정말 놀랐다"는 이야기를 많이 했습니다. **즉, 책과의 첫 만남이 좋으면 레벨과 취향을 초월해서 그 책을 즐길 수 있다는 것입니다.**

아이들이란 어른이 지시하면 반발하고 싶어지는 법이지요. 그래서 "이 책 읽어!"라고 강요하거나 "좀 읽어 봐"라고 권하면 읽고 싶은 마음이 나지 않습니다.

반면 대등한 위치에서 **"이 책 재미있더라"라고 눈을 반짝이며 감상을 이야기하면 마음이 움직이기 쉽습니다.** 그 결과 아이 자신의 의지로 책을 펼치고 적극적으로 즐기게 됩니다.

아이에게 권하고 싶은 책이 있다면 아이와 대등한 위치에서, 한 사람의 독서가로서 그 책의 재미를 있는 그대로 이야기해 보세요. 그러다 보면 아이가 자연스럽게 그 책에 관심을 갖게 될 것입니다.

원칙 3 정리

○ 독서의 폭에는 세로 방향(레벨)과 가로 방향(장르)이 있다.

○ 긴 책을 읽는 능력을 기르고 나서 어려운 책을 소화하는 능력을 기르기를 추천한다.

○ '80~90% 이해되는 난이도'의 책에 도전하면 독서 능력을 기르기 쉽다.

○ 익숙하지 않은 장르의 책은 평소 독서 능력에 맞는 레벨이라도 어렵게 느껴질 수 있다.

한 아이의 독서 능력과
아동용 도서의 레벨 분포

다음 쪽의 그래프는 욘데미에서 조사한 아동용 도서의 글자 수와 난이도(욘데미 레벨)를 수치화한 것입니다. 그래프의 오른쪽으로 갈수록 책이 어려워지고 위로 갈수록 글자 수가 많아집니다.

아동용 도서 중 다수는 그래프의 파란색 영역에 분포합니다. 따라서 이 영역을 따라가도록 독서 능력을 키워 나가면 즐겁게 읽을 수 있는 책이 늘어나기 때문에, 아이의 성장 정도에 맞는 책과 만나기 쉽고 독서 경험을 풍요롭게 만들 수 있지요.

가장 이상적인 것은 파란색 영역 안의 점선을 따라 독서 능력을 키우는 것입니다. 그렇게 하면 많은 책을 균형 있게 즐길 가능성이 높아집니다.

이 그래프에서 예로 든 아이의 경우, 독서 능력을 나타내는 선이 파란색 영역의 아래쪽 가장자리 부근에서 왔다 갔다 합니다. 독서 레벨에 비해 분량이 긴 책을 기피하는 경향이 있기 때문에 즐겁게 읽을 수 있는 책의 수가 한정되어 있음을 짐작할 수 있습니다. 이런 경우에는 쉬우면서 동시에 긴 책을 읽는 경험을 쌓아 많은 분량을 소화하는 능력을 길러 주면, 읽을 수 있는 책이 크

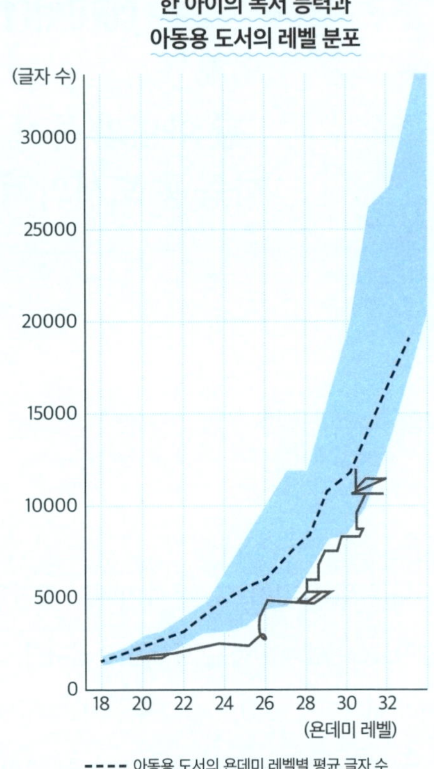

게 늘어 독서를 즐기기가 더 쉬워집니다.

아이의 레벨에 맞는 책이 적다고 느껴진다면, 아이의 독서 능력이 난이도와 분량 중 한쪽으로 치우쳐 있을(그래프의 점선에서 떨어진 위치에 있을) **가능성이 있습니다.** 그럴 때는 난이도와 분량의 균형을 의식하며 독서 능력을 길러 주면 좋겠지요.

「쾌걸 조로리」 이후 독서가 멈추는
'애프터 조로리 문제'

초등학생 아이들이 독서에서 맞닥뜨리기 쉬운 장벽. 바로 '애프터 조로리 문제'입니다.

아이들에게 부동의 인기를 얻고 있는 「쾌걸 조로리」. 여러 인기 작품을 보유한 이 시리즈에는 매번 매력적인 캐릭터들이 등장합니다. 또 가슴 설레는 이야기가 아이들의 마음을 사로잡지요.

이 「조로리 시리즈」에는 독특한 독자 참여 활동과 인상적인 일러스트가 한가득 실려 있습니다. 시각적인 보충 정보가 많아 내용을 완벽하게 이해하지 못해도 즐길 수 있다는 것도 큰 특징입니다.

혼자서 책을 읽을 수 있게 된 아이가 **「조로리 시리즈」**는 재미있게

읽지만 그 후로는 독서를 하지 않게 되는 경우가 있습니다.

이것이 '애프터 조로리 문제'입니다.

이 문제의 원인은 「조로리 시리즈」와 마찬가지로 재미있게 읽을 수 있으면서 그보다 한 걸음 더 나아가 독서를 이어가는 데 적합한 책을 찾기 어렵다는 데 있습니다.

「조로리 시리즈」 같은 그림책이나, 만화에 가까운 자극적인 비주얼에 익숙해지면 글자만 있는 책에서는 허전함을 느끼는 경우가 있습니다. 또 글자를 전부 읽지 않아도 재미를 느끼는 상태에 익숙해지면, 글자를 전부 읽어야 하는 경우 이야기의 재미를 이해하지 못하게 되기도 하지요.

가슴 설레는 책과 만나지 못하면 독서를 재미있다고 느끼는 마음이 시들고 맙니다. 결국 책을 펼치지 않게 되지요.

「조로리 시리즈」 이후에도 독서를 계속하기 위해서는 이 시리즈의 특징인 '만화 느낌의 그림이 풍부하게 곁들여져 있고 시각적인 보충 정보가 많다', '이야기를 완전히 이해하지 못해도 즐길 수 있다'라는 요소의 다음 단계를 생각하며 책을 선택하는 것이 좋을 수 있습니다.

이 경우 다음 단계에서 읽고 싶은 책은 '그림이 적은 아동서'와 '이야기를 제대로 즐길 수 있는 책', 두 가지 방향으로 갈라집니다.

'그림이 적은 아동서'의 방향으로 나아갈 경우 '그림은 적지만 이해하기는 그다지 어렵지 않고 글자 수도 적어서 읽기 쉬운 책'을 고르면 좋겠지요. 그런 책 중에서도 「조로리 시리즈」와 공통되는 요소(예를 들어, 유머러스한 캐릭터가 등장함)가 있는 책을 선택하면 아이가 즐겁게 읽을 가능성이 높아집니다.

'이야기를 제대로 즐길 수 있는 책'의 방향으로 나아갈 경우 '그림책이지만 시각적인 자극이 적은 편이고, 이해하기 어렵지는 않지만 글자 수가 비교적 많은 책' 중에서 「조로리 시리즈」와 공통점이 있는 것을 찾아보면 좋겠습니다.

4장

독서 의욕을 이끌어 내는, 빠져드는 계기 만들기

칭찬이 계기라도 좋다

책에 관심이 없던 아이가 스스로 책을 읽게 할 계기는 어떻게 만들어야 할까요?

행동을 유발하는 동기 부여에는 두 종류가 있다고 합니다. 하나는 '외적 동기 부여', 다른 하나는 '내적 동기 부여'입니다.

외적 동기 부여란 외부의 작용을 통해서 동기를 만드는 것입니다. 보상을 제시해서 아이의 의욕을 끌어내는 일, 야단치거나 벌을 줘서 행동을 유도하는 일이 외적 동기 부여에 해당하지요.

나아가 칭찬 또한 외적 동기 부여의 일종입니다.

칭찬 위주의 교육법에는 물론 장점도 있지만 큰 단점도 있습니다. 그것은 아이가 칭찬이라는 보상을 바라고 행동하게 되어, 칭찬이 없으면 동기도 없어진다는 것입니다.

아이는 직접적인 말이 없어도 어른의 표정이나 태도에서 칭찬의 분위기를 감지할 수가 있습니다. 그러면 그 분위기를 외적 동기로 삼아 행동하기도 하지요.

칭찬하는 일, 보상 또는 벌을 주는 일, 야단치는 일은 상황에 따라서는 결코 나쁘지만은 않습니다. 다만 그 **외적 동기 부여에 의해 독서를 할 경우, 동기가 없어지면 독서도 금세 멈출 것이 분명합니다.** 보상이나 벌이 없으면 독서를 할 이유도 없어지니까요.

반면 **내적 동기 부여는 타인의 말과 행동에 영향을 받지 않습니다. 자신의 내면에서 솟아나는 흥미, 관심, 의욕 등이 동기 부여의 원천이기 때문입니다.**

아이 스스로 독서를 이어 가기 위해서는 '책 읽기는 즐겁다'라고 느끼는 경험이 중요합니다.

이런 즐거움과 흥미는 다음 책을 펼치게 만드는 원동력이 됩니다.

처음에는 보상이 목적이라도
좋다는 마음을 먹는다

보상으로 아이를 유혹해서 책을 읽히는 방법에 죄책감을 느끼는 분이 있을지도 모르겠습니다. 그러나 이는 독서에 관심을 가지는 계기를 만드는 데 결코 나쁜 방법은 아닙니다. 다만 계속 보상에 의지하는 것은 위험할 수 있습니다. 아이가 보상이 없으면 책을 읽지 않게 되니까요.

처음에는 보상으로 아이의 관심을 끌기 시작했다가 점점 보상이 없어도 책을 '읽고 싶은' 마음이 솟아나도록 이끄는 것이 이상적입니다. 외적 동기 부여에서 내적 동기 부여로 옮겨 가는 것입니다.

한 예로 욘데미는 미니 레슨을 받으면 스탬프를 찍을 수 있고, 책에 대한 감상을 보내면 배지를 받을 수 있는 등의 시스템이 있습니다. 또 레벨이 올라가면 그림을 보면서 이야기를 들을 수 있는, 마치 그림책을 읽어 주는 듯한 형식의 애니메이션을 볼 수 있습니다. 이 같은 약간의 보상으로 독서에 대한 의욕을 이끌어 내는 것입니다.

가정에서는 '10분 동안 독서하면 달력에 스티커 붙이기', '책 한 권 다 읽으면 좋아하는 과자 먹기' 등의 보상을 약속하면 어떨까요?

처음에는 보상을 목적으로 책을 읽기 시작했더라도 나중에는 보상이 없어도 계속 책을 읽도록 유도하면 됩니다.

놀라는 반응으로
칭찬한다

어른에게 칭찬을 받는 일은 아이에게 과자나 장난감, 또는 용돈을 받는 것과는 또 다른 보상이 됩니다. 칭찬을 받고 '나는 이걸 잘하는구나'라는 생각을 하게 되면 아이는 더욱 노력하게 되지요. 그러나 칭찬을 너무 오래 지속하는 일에는 위험이 있습니다. 이 위험을 줄이기 위해 권하는 것이 '놀라는 반응 보여 주기'입니다.

칭찬은 '무엇을 했으니까 칭찬해 줄게'라며 조건부로 아이를 인정하는 것이 되기 쉽습니다. 반면 **놀라는 반응은 아이의 상태를 있는 그대로 인정하는 표현입니다.** 그래서 아이가 조건부 인정을 바라고 행동하게 될 가능성이 낮아지지요.

또 어른에게 단순히 칭찬을 받기보다 어른을 놀라게 하면, 대단한 일을 했다는 실감이 나서 기쁨을 느낄 수 있습니다. 그 실감이 자신감이 되고, 결국 자발적으로 독서를 하고 싶은 마음으로 이어지기도 합니다.

'아이가 책을 읽는 모습에 놀란다'라는, 보호자에게는 사소한 행동이 아이가 스스로 책을 읽는 계기를 만들어 낼 수도 있는 것입니다.

다만 여기서 한 가지 주의할 점이 있습니다. 그것은 아이가 읽는 책의 레벨에 따라서 칭찬이나 놀람을 조절해야 한다는 것입니다. 소설을 읽든 그림책을 읽든 똑같이 놀란다면 아이는 그 의도를 눈치채고 맙니다. 아이의 레벨을 파악한 후 적절히 놀라는 모습을 보여 줄 필요가 있습니다.

── 원칙 4 정리 ──

○ 보상을 목적으로 독서를 시작하도록 해서, 서서히 보상 없이도 독서를 하도록 유도하면 된다.

○ '칭찬'보다 '놀람'이 위험이 적고 효과적인 보상이다.

약간의 규칙과 목표를 세워 본다

온 가족이 함께 독서 시간의 규칙을 정하거나, 아이 스스로 '달성하고 싶은' 목표를 세우면 그것도 독서의 동기가 됩니다.

이때 규칙이나 목표는 너무 어렵지 않게 설정하는 것이 중요합니다. 적당한 노력으로 무난하게 달성할 수 있는 목표를 '조금만' 세우는 것이 핵심입니다.

난이도가 높은 규칙을 지키거나 목표를 달성하면 자신감이 생깁니다. 하지만 그렇게 하기 위해서는 정신을 집중하고 힘을 낼 필요가 있습니다. 아직 독서가 습관이 되지도 않았는데 갑자기 '하루에 책 세 권 읽기'라는 목표를 정하면 부담이 너무 커서 좌절할 가능성이 높겠지요.

우선은 쉽게 달성할 수 있는 목표나 규칙을 세워야 합니다. **'이거라면 할 수 있겠어'** 또는 **'이건 해 보고 싶네'라는 생각이 드는, 아이가 수궁할 수 있는 목표 또는 규칙을 스스로 세우게 하는 것이 좋습니다.**

처음에는 '책 만져 보기', '표지 들여다보기', '하루에 책 한 쪽 읽기'와 같이 사소한 목표라도 좋습니다. 아이가 목표를 '달성하고 싶다'라는 마음을 갖고, '달성했다'라는 만족감을 얻은 것이 동기 부여로 이어질 테니까요.

독서 시간의 규칙을
온 가족이 함께 정한다

독서를 갓 시작했다면 우선 '하루 10분' 등으로 독서 시간을 확보하는 것이 좋습니다. 가능하면 **가족 전체의 규칙으로 삼아 아이와 함께 결정하는 것이 이상적입니다.**

이 독서 시간에서 중요한 부분은 아이가 자기 의사로 독서를 한다는 것을 실감하는 일입니다. 이 점을 위해서라도 독서 시간에 어떤 책을 읽을지는 아이가 자유롭게 결정하도록 해야 합니다. 시간만 정해져 있고 책은 마음대로 고르는 것이지요.

책이 여러 권 있을 때는 아이 본인이 그중에서 '오늘 읽을 책'을 고르는 것도 좋습니다. 보호자가 권하고 싶은 책이 있을 때는 책들 속에 후보로 포함시키는 정도로 끝내세요.

어쨌든 중요한 것은 '**내가 읽고 싶은 책을 내 의지로 읽고 있다**'라는 느낌입니다. **아이가 '억지로 읽도록 강요당하고 있다'라고 느끼지 않도록 합시다.** 그날 고른 책을 그날 끝까지 읽지 않아도 괜찮습니다.

처음에는 아이에게 이렇게 말해 봅시다.

"여기 있는 다섯 권 중에 제일 마음에 드는 걸 골라서 10분만 읽어 보자."

"이 책 속에서 마음에 드는 부분을 찾아서 거기만 읽어 보자."

그러면 마음의 장벽이 낮아지며 독서에 도전하기가 쉬워질 것입니다.

독서 기록이나 독서 달력을
함께 작성한다

욘데미에서는 미니 레슨을 받으면 앱 달력에 스탬프를 찍을 수 있습니다. 미니 레슨을 받거나 책을 읽고 감상을 제출할 때도 '며칠 연속으로 했는지' 쉽게 알 수 있고, 이제껏 읽은 책의 표지들도 한눈에 볼 수 있습니다.

아이는 이 기록들을 볼 때마다 성취감을 느낄 수 있습니다. 또 처음 시작했을 때와의 차이를 깨달으며 스스로의 성장을 실감할 수 있습니다. 그 실감이 자기 자신에 대한 보상이 되고, '더 읽고 싶다'라는 의욕으로도 이어집니다.

가정에서 독서 기록을 작성할 때는 아이가 직접 Tips 07(95쪽)의 독서 기록과 비슷한 기록을 남겨 보도록 하는 것도 좋겠지요.

욘데미의 독서 기록. 앱의 달력에 스탬프를 찍을 수 있기 때문에 성취감을 느낄 수 있습니다. 가정에서도 독서 기록을 남기거나 달력에 표시를 해 보세요.

달력 사용도 추천합니다. 독서한 날은 달력에 칭찬 스티커를 붙이거나 색칠을 해 보면 어떨까요?

아이 스스로
목표를 정하게 한다

달성하고 싶은 목표 세우기도 추천합니다.

'독서 기록 5일 연속 쓰기', '다음 주까지 책 다섯 권 읽기' 등 그 시점에서 아이에게 버겁지 않은 목표를 세워 보는 것입니다. 그전의 독서 경험을 참고해서 달성 가능해 보이는 목표를 세우면 좋겠지요.

다만 그 목표는 아이와 함께 정해야 합니다. 'Tips 20 독서 시간의 규칙을 온 가족이 함께 정한다'(143~144쪽)와 마찬가지로, 아이와 함께 생각하고 최종적으로 아이가 수긍한 내용만 목표로 설정하세요.

다른 사람이 마음대로 정한 목표를 따라갈 때와 스스로 '달성하고 싶다'고 생각한 목표를 따라갈 때는 마음가짐이 서로 다를 수밖에 없지 않을까요? 그렇기에 무엇보다 중요한 것은 아이 스스로 목표를 결정해야 한다는 점입니다.

어른이 할당량을 정해 주었기 때문이 아니라 스스로 결정했기 때문에, 자기 자신의 뜻대로 목표를 향해 나아가는 일은 중요합니다. 아이의 생각에 귀를 기울이고, 공감하고, 아이가 스스로 정한 목표를 향해 나아가는 모습을 지켜봐 주세요.

목표를 향해 나아가는 아이를
잘 지원하고 싶어요

성취감을 맛볼 수 있도록 돕자

아이가 스스로 목표를 정하고 나면 어른이 해 줄 수 있는 일은 돕는 것입니다. 가능하다면 사이사이 경과가 잘 드러나도록 거들어 주면 좋을 것입니다.

이상적인 것은 **목표 달성의 길을 얼마나 갔는지 확인할 수 있는 시스템을 만드는 일입니다.**

'독서 기록 5일 연속 쓰기'가 목표라면 '앞으로 ○일 후 달성', '다음 주까지 책 다섯 권 읽기'가 목표라면 '앞으로 ○권 읽으면 달성' 등 **목표까지 남은 거리를 알기 쉽게 나타내면 아이에게 더 강력한 동기 부여를 할 수 있습니다.**

구체적인 방법으로는 달력에 스티커 붙이기, 독서 기록에 번호 매기기 등을 추천합니다. 그렇게 하면 이제까지 얼마나 달려왔는지가 명확하게 보이고 목표까지 남은 거리도 의식하기 쉬우므로, 자신감이 생기고 격려도 될 것입니다.

달력의 스티커나 독서 기록의 번호를 아이가 보면 곧바로 '이만큼 했다!'고 실감할 수 있습니다.

아이를 칭찬할 때 중요한 점은 '곧바로' 해야 한다는 것입니다. 좋은 행동을 했을 때 곧바로 칭찬하면 아이는 '좋은 행동'과 '칭찬'을 더 쉽게 연결할 수 있습니다. 그러면 '칭찬받았다'라는 느낌이 이후의 행동에 더 잘 반영되지요.

달력의 스티커나 독서 기록의 번호를 보면 어른이 칭찬해 주지 않아도 아이 자신이 곧바로 '이만큼 노력했구나!'라고 자신을 칭찬할 수 있으므로 효과가 더 커집니다.

목표의 달성은 자신감으로 이어집니다. 어른이 과도하게 개입하지 않고 달성한 경우라면 거기에 더해 '자발적으로 행동해서 달성했다'라는 실감이 납니다. 그 성취감이 다음 목표로 향하는 원동력이 됩니다.

원칙 5 정리

○ 규칙이나 목표는 쉽게 달성할 수 있는 것이 좋다. 달성을 통해 만족감을 얻는 일이 '읽고 싶은' 마음으로 이어진다.

○ '내 의사대로 책을 읽고 있다'라고 아이 본인이 실감하는 것이 중요하다.

○ 독서 기록으로 맛볼 수 있는 성취감이 보상이 된다.

○ 목표는 아이가 스스로 정하고, 어른은 아이가 달성을 향해 나아가는 모습을 지켜본다.

내면에서 솟아나는 즐거움이 독서의 계기가 된다

자신의 의사로 계속 독서를 하기 위해서는 '독서는 즐거워!'라고 느끼는 경험이 반드시 필요합니다.

즐겁기 때문에 책이 읽고 싶어집니다.

책을 읽다 보니 독서에 대한 자신감이 생기고요.

자신감이 있기 때문에 독서가 더욱 즐거워지지요.

그렇게 '즐거운 마음'이 점점 연쇄반응을 일으키면 다음 책을 펼치는 동기가 됩니다.

책을 읽으면 새로운 것을 배우게 됩니다. 그리고 읽기를 통해 받아들인 내용을 시작점으로 삼아 생각을 하게 됩니다. 마음에 자극을 받아 무언가를 느낍니다.

그런 즐거움을 알면 아이는 책을 더 읽어 나가고 싶다고 생각하게 됩니다. 줄거리를 따라가며 즐길 뿐 아니라 그 뒤의 '배움', '생각', '느낌'이라는 즐거움을 추구하게 되는 것입니다.

리딩존을
경험시킨다

'독서는 재미있어!'라고 강력하게 실감할 수 있는 마법 같은 상태가 있습니다. 바로 리딩존reading zone입니다. **리딩존이란 책 속 세상에 몰두한 상태를 가리킵니다.**

'책에 푹 빠져들어서 읽다 보니 어느새 몇 시간이 지나 있었다'라거나 '주위의 음성이나 질문이 귀에 들어오지 않는 채로 자기만의 세상 속에서 계속 책을 읽고 있었다'라는, 수많은 독서가가 경험한 적이 있는 이런 상태를 리딩존이라고 합니다.

리딩존에 있을 때는 책을 읽는 속도가 빨라지는데다 독해력도 올라갑니다. 시간의 흐름을 잊고 사람들의 말소리도 귀에 들어오지 않을 만큼 집중력을 발휘해서 이야기 속 세상에 머무는 것이지요. **'책**

이란 건 참 재미있어!'를 온몸으로 체감하는 상태인 셈입니다.

리딩존에 들어가면, 평소라면 어렵다고 느낄 만만찮은 책도 술술 읽을 수 있습니다. 독해력이 올라간 상태여서 높은 수준의 책을 읽을 수 있기 때문에, 새로운 어휘와 표현을 습득할 수도 있습니다. 즉, **리딩존이란 독서를 좋아하게 되는 계기가 되는 것은 물론이고, 독서를 통해 비약적인 성장도 이룰 수 있는 상태인 것입니다.**

리딩존을 경험하면 마음속의 '독서 좋아 포인트'가 늘어납니다. 이 포인트는 즐거운 독서를 경험할 때마다 점점 쌓이지요. 그리고 이 포인트가 쌓이면 쌓일수록 리딩존에 들어가기 쉽기 때문에 선순환이 이루어집니다.

포인트가 충분히 쌓이면 '독서를 좋아하는 마음'이 항상 존재하는 상태가 됩니다. '독서란 즐거운 것'이라는 전제 아래 읽게 되는 책은 자연스럽게 즐길 가능성이 높아집니다.

자전거를 타는 요령을 한번 파악하고 나면 그 후에는 항상 쉽게 자전거를 탈 수 있게 되지요. 그와 마찬가지로 한번 '독서 좋아 포인트'가 쌓이면 그 후에는 원활하게 독서를 즐기게 됩니다. 물론 리딩존에도 쉽게 들어갈 수 있게 되지요.

리딩존은
어떻게 경험할 수 있나요?

리딩존에 들어가기 쉬운 환경을 만들어 주자

리딩존에 언제나 쉽게 들어갈 수 있는 것은 아닙니다. 대전제는 아이에게 맞는 책을 고를 수 있어야 한다는 것입니다. 그리고 리딩존에 들어가기 위해서는 30분 정도의 준비 시간도 필요합니다.

다시 말해 리딩존을 경험하기 위해서는 **아이의 레벨과 취향에 맞는 책, 그리고 30분 이상의 여유로운 시간이 필요한 것이지요.**

아이가 이런 경험을 하기를 바란다면 '휴일 전날 밤은 시간을 신경 쓰지 않고 독서해도 좋음'이라는 규칙을 정해 두는 것이 좋을지도 모릅니다.

리딩존을 경험하고 책이 주는 즐거움에 눈뜨면 아이는 자연스럽게 독서에 관심을 가지게 됩니다. 그러니 아이가 리딩존에 들어갔다는 것은 독서를 좋아하게 될 커다란 기회가 찾아왔다는 뜻이기도 하지요. 식사 등이 조금 늦어진다 해도, 가능하다면 이 기회를 붙잡아 독서를 좋아하게 되도록 도와주면 어떨까요?

독서 기술을
가르친다

축구를 보려면 최소한의 축구 규칙을 알 필요가 있습니다. 나아가 전술에 관한 지식이 있거나 선수에 대해 알면 더 깊이 있게 관전을 즐길 수 있겠지요. 축구 관전을 즐기기 위해 지식이 필요한 것과 마찬가지로, 독서를 즐기기 위해서도 기술이 필요합니다.

독서의 기술이라는 말을 들어도 잘 와닿지 않을지 모르겠습니다. 많은 사람이 독서에 대해 배울 기회 없이 자기 나름의 방법으로 책을 읽을 수밖에 없었으니까요.

독서 경험을 쌓아 나가다 보면 자연스럽게 독서 기술을 익히게 될 수도 있지만, 제대로 익히지 못해 독서를 좋아하게 되지 못한 채 책과 멀어지고 말 수도 있습니다.

그렇기에 아이에게 독서 기술을 가르치는 것은 큰 의미가 있습니다. 그러면 일찍부터 독서를 즐길 수 있게 되어, 독서를 점점 더 좋아하게 될 테니까요.

욘데미에서는 미니 레슨을 통해 독서 기술을 가르칩니다. 그 대표적인 예가 Column 3(174~175쪽)에서 소개할 '독서가의 일곱 가지 기술'입니다. 이제부터 독서가의 일곱 가지 기술 중 하나인 '상상하기'에 대해 이야기하겠습니다.

독서가의 기술 중 '상상하기'는 오감을 단서로 삼아 머릿속에 구체적인 이미지를 그리는 것입니다. 만약 숲속이 나오는 장면이 등장한다면 거기서 무엇이 보일지, 어떤 소리가 들리고 어떤 냄새가 날지 상상해 봅니다. 그렇게 해서 선명한 이미지를 머릿속에 그리며 독서를 즐기면 어떻게 될까요?

책 속 세상으로 깊숙이 들어갈 수 있기에, 내용에 대한 이해가 깊어지고 기억에도 잘 남습니다. 읽는 도중은 물론이고 끝까지 다 읽은 후에도 이미지를 확장해 나감으로써 그 세상을 깊숙이 만끽할 수 있게 되지요.

'상상하기' 기술을 잘 활용하는 사람은 듣거나 읽은 말을 단서로 삼아 머릿속에 구체적인 영상 등을 그려 냅니다. 마치 자신만의 영화를 보는 듯한 상태가 되지요. 그 이미지를 다른 사람에게 전달해서 공유함으로써 함께 그 세상을 즐기는 일도 가능해집니다.

혹시 독서 중인 아이가 오감을 이용해 머릿속에 장면을 그려 내고 있는 것 같다면 "독서가의 기술 '상상하기'를 사용하고 있구나!"라고 말해 주세요. 독서 기술을 잘 활용하고 있다고 자각하면, 더욱 의식적으로 해당 기술을 활용할 수 있을 테니까요.

원칙 6 정리

○ '독서는 즐거워!'라는 마음이 독서의 동기가 된다.

○ 리딩존은 책의 매력을 온몸으로 느낄 수 있는 마법 같은 상태다.

○ 책을 읽는 기술('독서가의 일곱 가지 기술' 등)을 알면 독서를 좋아하게 되기가 더 쉽다.

'나는 책을 많이 읽는 아이'라는 정체성을 심어 준다

독서를 통해 새로운 지식을 배우고, 깊이 생각하고, 감정을 느끼는 즐거운 시간. 이런 시간은 일상을 다채롭게 만들어 주지요. 그리고 아이는 언젠가 독서를 통해 인생 자체가 풍요로워진다는 사실을 체감하게 됩니다.

독서의 즐거움을 알고 내적 동기 부여로 책을 읽게 된 아이는 '즐거움'의 연쇄반응을 통해 자발적으로 책을 펼치게 됩니다.

그러나 내적 동기 부여는 누구에게나 곧바로 생기는 게 아닙니다. 그러므로 우선 외적 동기 부여로 독서를 시작하도록 해 봅시다. 그렇게 해서 **책을 계속 읽게 된 후에 서서히 내적 동기 부여로 전환해 나가면 되니까요.**

이때 도움이 되는 것이 '나는 책을 많이 읽는 아이'라는 정체성입니다.

자신만의 강점을 찾아서 인정받고 싶다는 생각. 아이들뿐 아니라 모든 사람이 품고 있는 소망 아닐까요?

항상 내 위에 누군가 있는 성적 지상주의 세상에서, 아이들이 보호자나 선생님 등 주변 어른에게 인정받을 기회가 많지 않습니다. 자신의 강점을 발견하고 정체성을 확립하기란 결코 쉽지 않지요. 성적이 조금 오르는 정도로는 주변 사람들의 인정을 받는 경험을 할 수 없기 때문에 정체성 확립으로 이어지지도 못하고요.

이때 효과적인 것이 '책을 많이 읽는 아이가 되는 것'입니다.

정체성을 확립하기 어려운 세상에서 살아가고 있는 아이들이지만, 독서를 하면 그 행동을 무조건적으로 인정받고 칭찬받는 경험을 할 수 있습니다.

독서는 아이에게 점수를 매겨 평가하지 않습니다. 그리고 독서를 하고 있으면 다른 누군가와 비교당하지 않고 "책을 많이 읽는구나"라는 인정을 받게 되지요. 이 정체성은 아이의 마음에 커다란 영향력을 미칩니다.

'나는 책을 많이 읽는 아이니까 지금도 (동영상이나 게임보다) 책을 읽고 있지!'라는 자부심이 '더 읽고 싶다'는 내적 동기를 낳습니다. 그렇게 책을 더 읽게 되면 '책을 많이 읽는 아이'라는 정체성이 더욱 강해집

니다.

한번 독서의 즐거움에 눈뜨고, '책을 많이 읽는 아이'라는 정체성
을 갖게 되면 계속 독서를 하게 되는 것입니다.

"역시 독서왕이네!"라는 말이
정말로 독서왕을 낳는다

아이가 책을 좀처럼 읽지 않나요? 독서를 너무나도 싫어하나요?

이런 고민 중이라면 **"역시 독서왕이네!"라고 아이에게 말해 주는 것을 추천하고 싶습니다.**

'그렇게 해서 뭐가 달라진다는 거지?'라고 이상하게 여길지도 모르겠습니다. 하지만 매일 그런 말을 들으며 독서왕이라는 자각이 싹 트면, 아이의 행동은 놀랍도록 달라집니다.

'자리가 사람을 만든다'라는 말이 있습니다. '보호자이기에 더 열심히 산다'거나, '리더이기에 더 노력한다' 등의 경험을 해 본 분도 많을 것입니다.

특정한 자리에 놓이게 되면 책임감이 생기고, 행동이 달라지면서 언젠가 그 자리에 걸맞은 사람이 됩니다. 자리는 그렇게 사람을 바꾸는 힘이 있습니다. 잘하고 못하고를 떠나 노력하게 만들어 그 사람의 행동을, 그리고 내면을 변화시키지요.

그러니 아이가 책을 읽기를 바란다면 '나는 독서왕이야!'라는 생각을 심어 주는 것이 효과적입니다. **독서왕이라는 자각이 아이를 자연스럽게 진짜 독서왕으로 바꿔 주기 때문입니다.**

아이에게 말을 걸 때 '독서왕'이라는 단어를 의식적으로 사용해 보세요.

욘데미에서는 미니 레슨을 통해 아이들과 소통할 때, 아이들을 '독서왕 ○○'이라고 부릅니다. 한발 더 나아가 "독서 올림픽에 나가면 금메달 따겠다!", "○○이가 읽은 책들로 피라미드도 쌓겠네!" 등 독서왕이라는 의식을 심어 주는 메시지를 꾸준히 전달합니다.

아이의 행동과 독서를 연결하는 말도 효과가 있습니다.

아이가 잠깐이라도 책을 펼친다면 설령 그것이 만화책이나 그림책이라고 해도 "○○이는 책을 좋아하는구나"라고 말해 줍시다. 그런 경험이 쌓이면 조금씩 '나는 책을 좋아해'라는 생각이 굳어지고 독서에 대한 거부감이 옅어질 테니까요.

이런 말들을 계속해서 해 주면 아이에게 **'나는 독서왕이야!'라는 의식이 자라나고, 독서하는 자기 자신에 대한 자부심도 가질 수 있게 됩니다.**

이 같은 자부심이 있기에 또다시 책을 읽게 됩니다. 책을 읽으면 읽을수록 성장하기 때문에 자기 자신에 대해 더 큰 자부심을 가질 수 있습니다. 이런 일이 반복되면서 아이는 점점 진정한 독서왕이 됩니다.

독서가에 대한 동경이
아이를 독서가로 만든다

아이에게 보호자란 가장 가까운 곳에 있는 동경하는 어른입니다. 이런 **어른이 어떤 일을 즐겁게 하고 있으면 아이는 흉내 내고 싶어 하는 법입니다.** 즐겁게 책을 읽고 그 내용을 신나게 이야기하는 어른의 모습은 "책 읽어라"라는 백 마디 말보다 훨씬 강력하게 아이의 마음을 움직이겠지요.

예를 들어 축구를 아주 좋아하는 보호자와 함께 있으면 아이도 축구를 좋아하게 될 가능성이 높습니다. 그런 아이는 "축구 해라"라고 시키지 않아도 저절로 축구를 해 보고 싶다고 생각하게 됩니다. 가족과 함께 축구를 하거나 이에 대해 대화하는 일을 즐기게 되고요.

독서도 마찬가지입니다. 책을 즐기는 어른이 가까이에 있으면 아이는 그 모습을 따라 하며 독서에 관심을 갖게 됩니다. 이것이 '책을 읽고 싶다'는 마음으로 이어집니다.

아이 앞에서 독서하는 모습을 보여 주는 것이 좋은가요?

아이가 보는 것만으로도 충분하니, 즐겁게 독서하자

1장에서 소개한 대로 아이들은 독서를 통해 다양한 능력을 기를 수 있습니다. 그러므로 아이가 독서를 많이 하기를 바라고, 그러기 위해 보호자로서 모범을 보이고 싶다고 생각하는 것은 멋진 일입니다. 하지만 바쁜 일상 속에서 진득하게 책을 읽는 시간을 만들기는 좀처럼 쉽지 않기 때문에 고민하는 보호자들도 있겠지요.

그런데 어렵게 생각할 필요가 없습니다.

독서 시간은 아주 짧아도 괜찮습니다. 앉은자리에서 책 한 권을 다 읽을 필요도 물론 없고, 어른이라는 이유로 어려운 책을 고를 필요도 없습니다.

그뿐 아니라 실제로 읽을 필요조차 없습니다. 그림책이나 잡지를 즐겁게 들여다보는 모습을 보여 주는 것만으로 충분하거든요.

'어른이 저렇게 좋아하니까 독서는 분명 재미있는 일일 거야.'

그렇게 느끼는 것만으로 아이는 책을 들여다보는 어른의 모습을 동경하고 독서에 더 쉽게 관심을 갖게 됩니다.

선생님이나 친구의 반응이 정체성을 강화한다

독서가 습관이 되기 시작하면 아이에게는 '나는 책을 좋아하는 아이'라는 정체성이 생겨납니다.

그렇게 되면 어른의 도움이나 보상은 더 이상 필요 없습니다. 아이는 '궁금한 책이 있으니까'뿐만 아니라 '나는 책을 좋아하니까'라는 마음만으로도 책을 읽고 싶어지거든요.

그러면 어떻게 해야 이런 정체성을 확립시켜 줄 수 있을까요? 여기에는 타인의 인정을 받는 경험이 반드시 필요합니다.

보호자나 선생님, 또는 친구 등의 주변 사람들에게 "책을 많이 읽는구나", "독서왕이네"라며 칭찬과 인정을 받는 경험이 '책을 좋아하는 아이라는 정체성'을 형성해 나가도록 해 줍니다.

요즘 아이들의 곁에는 유튜브와 게임 등 매력적인 콘텐츠가 넘쳐납니다. 하지만 이런 콘텐츠를 즐긴다고 어른에게 칭찬을 받는 일은 거의 없지요.

독서는 다릅니다. 책을 읽고 있으면 어른에게 칭찬과 인정을 받을 수 있습니다. 그러면서 이것이 '책을 좋아하는 아이'라는 정체성으로 이어집니다.

'책을 좋아하는 아이'라는 정체성이 있으면 책에 더 큰 애정을 갖게 됩니다. 유튜브가 보고 싶을 때 "나는 책을 좋아하니까 유튜브가 아니라 책을 선택할래요"라고 말하는 아이도 있을 정도입니다.

정체성에는 이렇게 아이의 행동을 바꾸는 힘이 있습니다.

원칙 7 정리

- ○ '나는 책을 좋아하는 아이'라는 정체성이 독서의 동기로 이어진다.
- ○ 남들에게 '독서왕'이라고 인정을 받으면 정체성이 확립된다. 그 자각이 아이를 진짜 독서왕으로 만든다.

독서가의 일곱 가지 기술

'독서가의 일곱 가지 기술'은 『독서 능력은 이렇게 기른다読む力はこうしてつける』, 『효과가 있는 전략*Strategies that works*』 등의 서적을 참고해 온데미의 방식으로 수정하고 정리한 독서 테크닉입니다. 그 내용은 **'상상하기', '연결하기', '질문하기', '예상하기', '인정하기', '확인하기', '해석하기'의 일곱 가지이지요.**

이 기술들은 독서에 익숙한 사람이라면 책을 읽을 때 무의식적으로 활용하지만, 책을 갓 읽기 시작한 아이들에게는 어려울 수 있습니다.

가정에서 아이가 이 기술을 활용할 때 다음과 같이 자연스럽게 말해 주기를 추천합니다.

"표지를 보고 '예상하기' 기술로 책을 골랐구나."

독서가의 일곱 가지 기술

상상하기

몸의 감각들을 활용해 머릿속에 이미지를 그려 낸다.

인정하기

자신의 옳고 그름을 발견해서 생각에 깊이를 더한다.

연결하기

자신이 아는 사실과 연결하며 읽는다.

확인하기

정말로 중요한 부분을 찾아내며 읽는다.

질문하기

질문을 통해 의미를 더 깊이 이해한다.

해석하기

내용을 정리하거나 자기 생각을 덧붙인다.

예상하기

실제로는 쓰여 있지 않은 숨은 뜻을 읽어 낸다.

"이 책을 읽으면서 '상상하기' 기술을 썼네."

그렇게 하면 아이는 부담 없이 이 기술들을 의식할 수 있게 되고, 자신의 성장을 더 쉽게 실감하게 됩니다.

Tips 24(160~161쪽)에서 '독서가의 일곱 가지 기술' 중 '상상하기'에 대해 이야기하고 있으니 참고하기 바랍니다.

'타인을 위해'가
독서를 계속하는 이유가 된다

'책을 좋아한다는 정체성'을 가지게 된 아이가 독서에 더욱 열정을 쏟기 위해서는 어떤 요소가 필요할까요?

푹 빠져들 수 있는 책과의 만남, 동경하는 독서가의 칭찬 등은 독서에 대한 의욕을 높일 수 있습니다. '공부를 잘하게 된다', '나중에 도움이 된다'와 같은 독서의 효과도 매력적입니다.

그런데 이런 요소들을 제외하고도 아이가 독서를 하도록 만들 수 있는 것이 있습니다. 바로 **'타인을 위해'라는 이타심입니다.**

독서 경험을 쌓고 다양한 세계관과 가치관을 접한 아이들이라면 아마 이해하는 부분일 텐데, **책 읽기란 자기 자신을 위한 것인 동시에 타인을 위한 것이기도 합니다.**

한 예로 책에는 가지각색의 등장인물이 나옵니다. 독서를 하다 보면 그 등장인물들을 통해 '이런 사고방식을 가진 사람도 있네', '이런 말에 상처받는 사람도 있구나' 등의 깨달음을 얻지요.

이런 경험이 있으면 주변 사람들을 더 잘 이해하게 되고, 자신의 말과 행동을 개선하게 되기도 합니다.

그러면서 아이는 독서가 자신의 행복만이 아니라 주변 사람들의 행복에도 도움이 된다는 사실을 알아차립니다. 책을 읽는 일이 타인에게 도움이 되는 것입니다.

저는 '책을 읽으면 그 책이 생명을 얻어서 환상 속의 거대한 도서관을 부활시킬 수 있다'라고 아이들에게 이야기하곤 합니다. 그러면 아이들의 마음속에는 '나를 위해서만이 아니라, 환상 속의 거대한 도서관을 위해서 책을 읽자'라는 생각이 깃들게 되는 것 같습니다.

5장

독서가 자연스럽게 습관이 되는 환경 만들기

책이 읽고 싶다고 느낄 계기를
여러 곳에 만들어 둔다

아이가 책 읽기 싫다고 느낄 만한 계기는 온갖 곳에 숨어 있습니다. 예를 들어 아이에게 "책 읽어라"라고 말하는 것이 겉보기에는 독서의 계기가 될 수도 있습니다. 하지만 독서를 강요당한 탓에 거부감이 생겨, 책을 읽기 싫다는 마음이 더욱 강해질 수도 있지요.

모처럼 '책을 읽어 볼까?'라는 생각이 들었다고 해도, 당장 주변에 재미있어 보이는 책이 없으면 '읽어 봤자 재미없을 것 같아'라고 느껴서 독서를 단념하기도 하고요.

'책을 읽어 볼까?'라는 기분과 재미있어 보이는 책이 모두 갖추어졌다고 해도 시간이 충분하지 않거나, 책보다 더 재미있어 보이는 영상이 눈앞에 있으면 '지금은 책 안 읽을래'라고 판단하게 될 수도 있습니다.

　이런 **위험을 피해서 아이가 스스로 책을 읽게 하려면, 계기를 만들어 주는 환경 조성이 필요합니다.** 나아가 그 계기를 시작점으로 삼아 독서에 긍정적인 이미지를 가지게 해야 합니다. 이와 더불어 독서에 대한 마음의 장벽을 낮출 필요도 있습니다.

눈과 손이 닿는 곳에
책을 둔다

아이들은 어떤 때 '책을 읽자'라고 생각할까요? 눈과 손이 닿는 곳에 책이 있고, 관심이 갈 때입니다. 어지간히 책을 좋아하는 아이가 아닌 한, 그런 계기가 없으면 독서에 대한 의욕이 솟아나는 일은 없다고 생각해야 합니다.

아이들은 늘 기분에 따라 행동합니다. 설령 책을 좋아하는 아이라도 항상 '책을 읽고 싶다'라는 생각을 하지는 않습니다. 독서를 갓 시작한 아이라면 말할 것도 없고요. 이때 효과적인 방법이, **'책을 읽고 싶다'라는 마음이 생겼을 때 그 기회를 놓치지 않고 붙잡을 수 있도록 항상 그 계기를 제공하는 일입니다.**

눈과 손이 닿는 곳에 항상 책을 두면 '책을 읽고 싶다'라는 마음이 찾아왔을 때 자연스럽게 책을 집어 들 수 있습니다. '누가 시켜서'가 아니라 자신의 의사로 책을 펼치게 되는 것이지요.

집 안 여기저기에 책을 놔둬 보세요. 집에 있을 때 자연스럽게 책이 시야에 들어오는 환경에서 생활하면, 아이는 당연히 책을 의식하게 됩니다. 가족이 책을 읽고 있으면 더욱 그렇고요.

물론 학교 등 집이 아닌 곳에서 책에 이끌려 독서를 좋아하게 되는 경우도 있습니다. 다만 아이가 가장 오랜 시간을 보내는 장소인 집의 환경을 정비해서 책을 접하기 쉽도록 만들면, 그 기회를 더욱 확대할 수 있습니다.

책을 두는 위치와 두는 방법에
신경을 쓴다

그렇다면 구체적으로 어떤 환경을 만들어야 할까요? 핵심은 책을 '두는 위치'와 '두는 방법'입니다.

우선 책을 두는 위치에 대해 이야기하겠습니다.

눈과 손이 닿는 곳에 스마트폰이나 태블릿이 있으면 그것이 계기가 되어 '유튜브를 보고 싶다'라는 마음이 생겨나지요. 그러니 아이가 책을 읽기 바란다면 마찬가지로 눈과 손이 닿는 곳에 책을 두어야 합니다.

가장 효과적인 곳은 **거실 등 아이가 오래 머무르는 공간입니다**. 오랜 시간을 보내는 곳에 책이 있으면 필연적으로 아이가 책을 의식할 기회가 늘어나니까요.

그다음은 책을 두는 방법입니다.

아이의 눈높이에 맞춰, 쉽게 손을 뻗을 수 있는 곳에 책을 놓아두세요. 설령 책에 관심이 생겼다고 해도 손이 잘 닿지 않는 곳에 있는 경우, 책을 꺼내기가 귀찮아서 포기하기도 하기 때문입니다.

귀중한 계기를 놓치지 않기 위해서라도 아이가 쉽게 책을 집어 들 수 있는 환경을 조성해 보면 어떨까요?

아이가 관심을 가질 만한 책을
어떻게 두어야 할까요?

다양한 위치에 잘 보이도록 책을 둔다

거실에 아이의 눈높이와 똑같은 높이의 테이블이 있다면, 거기에 책을 늘어놓아도 좋을 것입니다. 식사나 공부 후, 문득 책이 시야에 들어와서 책에 관심을 가지는 계기가 될 수 있으니까요.

이 밖에도 책장이나 장식용 선반은 물론이고 복도나 화장실 등 모든 곳에 책을 두기를 권합니다.

또 **표지나 책등이 잘 보이도록 책을 놓아두세요.** 아이는 거기서 얻는 정보를 계기로 책을 펼쳐 보고 싶다고 생각하게 되니까요. 책이 잘 보이도록 놓을 수 있는 선반 등이 없다면 투명한 케이스에 책을 넣어서 두는 것도 하나의 방법입니다. 표지와 책등이 잘 보이고, 다양한 장소에 쉽게 배치할 수 있습니다.

바퀴가 달린 이동식 책꽂이를 책장 대신으로 삼아, 가족들이 시간을 보내는 곳으로 밀고 다니며 사용하는 것도 좋습니다. 그렇게 하면 책이 시야에 잘 들어오게 되어 잠시 짬이 날 때 책을 펼쳐 보거나, 식사할 때 책에 대해 이야기하게 될 수 있습니다.

책장에 항상
신선한 책들을 꽂아 놓는다

집에 아이가 '재미있겠다'라고 생각할 만한 책들을 두는 것이 이상적입니다. 그러나 보호자라고 해도 아이의 레벨과 취향을 간파해서 딱 맞는 책을 고르기는 결코 쉽지 않습니다.

여기서 추천하고 싶은 것이 **폭넓은 레벨과 장르의 책들을 몽땅 섞어 놓은 '뭐든지 다 있는 책장' 만들기입니다.**

가볍게 볼 수 있는 그림책에서 글자 수가 많은 소설책까지 다양하게 준비해 두면 어떨까요? 판타지, 학교가 배경인 책, 동물이 나오는 책 등 다양한 장르의 책을 갖추어 두면 그중 아이의 기분에 맞는 책이 있을지 모릅니다.

가능하다면 도서관 등을 활용해서 책의 구성을 종종 바꿔 주는 것도 효과적입니다. **항상 신선한 책이 준비되어 있으면 아이가 내용에 관심을 가지고 '저 책은 뭐지?' 하며 펼쳐 볼 가능성도 높아집니다.**

물론 아이가 전혀 관심을 보이지 않으며 책에 손대지 않을 수도 있습니다. 그럴 때 중요한 것은 독서를 강요하지 않는 일입니다. 강요당해 읽은 책이 재미없으면 책 자체가 싫어질 수도 있습니다.

조급해하거나 걱정하지 말고, '읽어도 그만이고 안 읽어도 그만이지. 안 읽으면 도서관에 반납하고 다른 책을 빌려오면 돼'라는 자세를 갖는 것이 좋습니다.

독서에 집중할 수 있는 시간과 환경을 마련한다

집 안에 책을 마련해 두었다면, 그다음으로는 독서에 집중할 수 있는 시간과 환경을 만들어 줍시다.

우선 읽을 시간을 확보합니다. 아이들의 집중력은 오래 가지 않으므로 처음에는 10분 정도라도 괜찮습니다.

독서할 환경을 정비하는 일도 중요합니다. 스마트폰이나 TV가 바로 곁에 있으면 신경 쓰여서 집중하지 못할 수도 있으니까요. **책 속 세상으로 들어가기 쉽도록, 전자기기에서 떨어져 독서에 몰두할 수 있는 환경을 준비해 줄 수 있다면 좋겠지요.**

시간과 환경을 정비했다면 나머지는 아이의 뜻에 맡깁니다. 어느 책을 어디서부터 읽을지 아이가 마음대로 결정하도록 합니다.

아이가 책을 고르지 못할 때는 "여기 있는 다섯 권 중에서 하나를 골라 10분만 읽어 볼까?", "오늘은 이 책 중에서 마음에 드는 장면을 찾아보자" 등 선택지를 준 후 자유롭게 읽도록 하세요.

그렇게 하면 아이는 '내 의사로 책을 읽고 있다'라고 느끼게 될 것입니다.

조금씩 독서에 익숙해지면 Tips 22(148~149쪽)에서 소개한 것처럼 목표를 세워 봐도 좋겠지요.

유튜브만 보는데,
어떻게 책을 읽게 만들 수 있을까요?

아이가 유튜브보다 책을 좋아하게 된 가정의 세 가지 노력

욘데미를 수강하는 아이들 중에는 '그 좋아하던 유튜브를 제쳐 놓고 책을 선택했다'는 사례들도 있습니다. 대체 어떻게 그런 변화가 일어났을까요?

핵심은 세 가지입니다.

우선 첫째는 '책과의 거리'입니다. Tips 29(185~186쪽)에서 소개한, 책을 두는 위치와 두는 방법을 참고하세요.

스마트폰이나 태블릿보다 가까운 거리에, 언제든 손을 뻗기 쉬운 곳에 책을 둬 보세요. 단지 그것만으로도 책에 관심을 갖기 쉬워집니다. 이런 환경에 익숙해지면 독서가 생활에 스며듭니다.

둘째는 '자신에게 맞는 책을 쉽게 찾을 수 있도록 하기'입니다.

유튜브는 사용자의 취향에 맞춰 영상을 계속 추천해 주지요. 그래서 영상 하나가 끝나면 곧바로 '다음은 이걸 봐야지!' 하는 욕구를 자극합니다.

그렇다면 **책의 경우도 유튜브와 마찬가지로 '다음은 이걸 읽어야지!'라는 욕구를 자극하는 책이 곧바로 눈에 들어오도록 만들면 어떨까요?**

일부러 찾아 나서지 않아도 재미있어 보이는 책이 바로 옆에서 기다리고 있는 환경을 만드는 것입니다.

취향과 레벨에 맞는 책 한 권을 재미있게 읽고, 문득 주위를 둘러보니 손 닿는 곳에 또 다른 흥미로운 책이 놓여 있습니다. 그런 상황이라면 아이는 두 권이고 세 권이고, 계속 책이 읽고 싶어지지 않을까요?

셋째는 '마음의 장벽 낮추기'입니다.

영상은 틀어 놓고 가만히 보고 있기만 하면 되니 독서보다 훨씬 편합니다. 반면 독서는 스스로 할 일이 많아서 큰 부담을 동반하는 행동이고요. 그러니 유튜브에 저절로 손이 가는 것도 이해가 되지요.

여기서 해 보면 좋은 시도가 독서의 부담을 줄여 주는 일입니다. 그렇게 하면 유튜브와의 차이가 줄어들어서 조금 더 도전하기 쉬워집니다.

처음에는 '너무 쉬운가?' 싶을 정도로 아이의 수준보다 레벨이 낮은 책을 골라 보세요. 그런 책이라면 아이는 물 흐르듯 읽을 수 있기 때문에 부담이 적고 재미를 느끼기 쉬울 것입니다.

원칙 8 정리

○ 독서하고 싶다고 느낄 계기를 집 안에 여기저기 마련해 놓으면 책을 읽을 기회를 덜 놓치게 된다.

○ 눈과 손이 닿는 곳에 책을 두면 아이가 책을 읽기 쉬워진다.

○ 독서에 집중할 수 있는 환경과 독서할 시간을 확보하고 나면 그다음은 아이의 뜻에 맡긴다.

독서를 습관화하는 시스템을 만든다

'독서하는 습관 만들기'라고 하면 '하루도 빼놓지 않고 책 읽기'를 목표로 삼는다고 생각하는 사람이 많은 듯합니다. 그러나 저는 반드시 매일 책을 읽을 필요는 없다고 생각합니다.

그러면 여기서 독서 경험이란 무엇인지 생각해 봅시다.

책 속의 글자를 눈으로 따라가는 것만이 독서 경험일까요?

저는 **책과 관련된 모든 것이 독서 경험**이라고 생각합니다.

이를테면 여행에는 여행지에서 보내는 시간 외에도 다양한 요소가 포함됩니다. 여행지를 정하는 일, 그곳으로 가는 일, 집에 돌아오는 일이 모두 여행의 일부라고 할 수 있지 않을까요.

독서 경험도 마찬가지로 책과 관련된 모든 과정을 포함합니다.

책과 관련된 모든 행동이 독서 경험이 된다

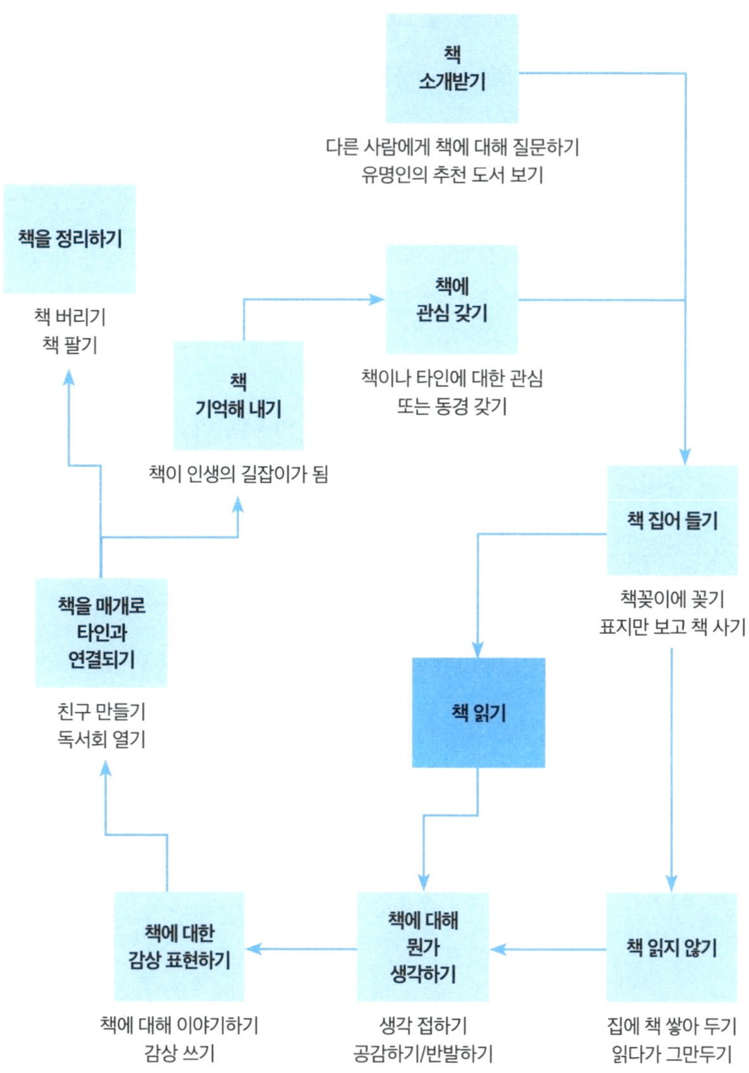

책을 읽는 일은 물론이고, 읽은 책에 대해 생각하는 일, 그 감상을 다른 사람에게 이야기하는 일, 그리고 책을 집어 드는 일과 정리하는 일, 심지어 책을 덮는 일마저 독서 경험의 일부인 것입니다.

그렇기에 아이의 독서 경험에는 독서하지 않는 시간을 충실히 보내는 일도 중요합니다. 얼마나 읽었는지 권수나 글자 수를 따지기보다, 책에 대해 이야기하거나 생각해 내는 '독서 경험'이 중요하다는 이야기입니다. 만약 저녁 식사 때 책에 대해 이야기한다면 60분의 독서 경험을 얻는 것입니다.

책은 부모와 아이의 공통 언어가 되고, 마음과 마음을 잇는 다리가 되어 줍니다. 책을 읽는 시간 외에도 '책이란 건 재미있어!'라고 느낄 수 있는 시간을 점점 늘려 나가면 독서에 대한 아이의 동기 부여도 강력해집니다.

이것은 아이뿐만이 아니라 가정 전체에도 행복한 일 아닐까요?

독서하지 않는
독서 체험을 시작한다

앞에서 책을 읽지 않는 시간도 독서 경험이라고 이야기했습니다. 이 부분에 주목하며, 부담이 적은 '독서하지 않는 독서 체험'부터 시작해 보세요.

습관화는 어른에게도 매우 어려운 일입니다. 다이어트나 금연에 실패하는 사람이 많은 것도 습관화의 어려움 때문이라고 할 수 있겠지요.

습관이 자리 잡는 데에 필요한 시간은 약 1개월이라고 합니다. 이 시기를 잘 넘기면 습관화는 눈에 띄게 원활해집니다.

이 1개월 중 첫 7일은 반발기라고 해서 실패하는 사람이 가장 많은 기간입니다. 우선 이 기간이 첫 관문이지요. 가장 떨어져 나가기

쉬운 이 기간을 잘 넘기는 요령은 '**독서**'에 얽매이지 않고 진입 장벽
이 낮은 독서 체험을 통해 서서히 익숙해지는 일입니다. 예를 들어 원
칙 9(196~198쪽)에서 소개했듯 **저녁 식사 시간에 책 이야기를 하는 일
부터 시작해 보면 어떨까요?**

읽고 있는 책에 대해 묻는 것도 좋고, 지금까지 읽은 적이 있는 책
을 화제로 삼는 것도 좋겠지요. 어릴 때 읽어 준 추억 속의 책을 함께
기억해 내며 대화하는 것도 좋을지 모릅니다. 이 같은 독서 체험은
오랫동안 꾸준히 즐거운 독서를 계속하는 일로 이어질 것입니다.

우선은 책을 들고 책상으로 향하는 것으로도 충분합니다. 그게 어
렵다면 책에 대한 이야기를 나누는 것만으로도 충분하고요. 그렇게
해서 7일을 넘기고 나면 다음 단계의 독서 습관을 추가해 나갑시다
(물론 첫날부터 독서가 가능한 아이라면 곧바로 독서를 시작해도 좋습니다).

'……한 뒤에 독서하기'로 정한다

설령 사소한 것이라고 해도 새로운 행동을 습관으로 만드는 일은 쉽지 않습니다. 그래서 추천하고 싶은 방법이, **이미 정착한 습관을 시작점으로 삼아 '……한 뒤에 독서하기'로 정하는 것입니다.**

이때 중요한 부분은 뒤에 덧붙인다는 것입니다.

이를테면 '저녁 식사 뒤에 책 이야기하기', '이를 닦고 난 뒤에 책 읽기'처럼 이미 정착한 습관 뒤에 책을 덧붙여 한 세트로 만듭시다.

습관을 기준으로 삼지 않는 경우에는 '저녁 8시부터 10분 동안 책 읽기'로 정하고 앱 알림을 설정해, 알림을 받은 뒤에 독서를 해도 좋겠지요.

이렇게 하면 '시간이 날 때 독서하기' 같은 애매한 규칙이나 '자기 전에 독서하기'처럼 이미 정착한 어떤 습관 전에 덧붙이는 것보다 실천하기 쉬울 것입니다.

가능하다면 이런 작은 독서 습관을 평소 생활 속에 가능한 한 많이 끼워 넣어 보면 어떨까요?

식사 뒤, 이 닦은 뒤, 샤워 뒤 등 여러 습관 뒤에 독서 시간을 덧붙이면 좋을 것입니다.

원칙 9 정리

○ 책 읽기뿐만이 아니라 책과 관련된 모든 체험이 독서 경험이다.

○ 습관이 정착할 때까지 필요한 기간은 약 1개월. 특히 첫 7일이 중요하다.

○ 첫 7일간은 '책 이야기하기' 등 부담이 적은 독서 체험부터 시작하면 반발기를 극복하기 쉽다.

○ 이미 정착한 습관 뒤에 독서를 더하면 실천하기 쉬워진다.

책과 관련된
즐거운 대화를 한다

생활 속 이곳저곳에 독서의 계기를 흩뿌려 놓는 데서 시작해 독서가 습관이 되고 나면, 그다음 단계는 독서 체험을 풍요롭게 넓혀 나가는 것입니다.

독서와 관련된 즐거운 체험을 점점 늘려 나갑시다. 새로운 체험이 늘어나면 늘어날수록 점점 더 독서가 하고 싶어질 테니까요.

욘데미에는 '내 독서 습관의 열쇠는 SNS 독서 계정에 있다'라고 말하는 멤버가 있습니다.

독서가들만 모인 멤버들 중에서도 특히 독서량이 많기로 유명한 이 멤버는 책 읽는 시간보다도 SNS로 책에 대해 이야기하는 시간이 더 즐겁다고 말하더군요.

책을 읽고 느낀 점이나 생각한 점을 독서 계정에서 공유하고 교류하는 것을 즐기면, 책을 읽는 기쁨이 배가된다고 합니다.

이 멤버는 SNS를 하면서 독서 시간이 줄었지만 그래도 좋다고 생각하는 모양입니다.

"책을 많이 읽고 싶다면 SNS를 그만두는 게 더 좋을지도 모르지요. 하지만 SNS 덕분에 '책에 대해 생각하거나 이야기하는 시간'을 즐길 수 있어요. 그런 시간이 있어야 독서를 오랫동안 즐겁게 지속할 수 있을 것 같아요."

이런 말도 했습니다.

독서의 습관화가 잘 이루어지고 있는 욘데미 수강생 중에도 "독서는 일주일에 세 번만 하고 있어요", "미니 레슨을 못 하는 날도 있어요"라고 말하는 학생들이 있습니다. 그러나 이들은 매일 책을 읽지 않아도 자기 속도대로 진득하게 독서와 마주하며 성장하고 있습니다.

이 같은 성장의 요인은 도대체 뭘까요?

독서 교육이 잘 이루어지고 있는 많은 가정에서는 '책을 생각할 계기를 만들고 책에 대해 이야기하는 일'을 하고 있습니다. 가족끼리 저녁을 먹으며 요즘 읽은 책에 대한 감상을 이야기하는 일 등이 많은 듯합니다.

읽은 책에 대해 가볍게 대화를 주고받는 동안 아이는 다양한 생각을 하게 됩니다.

'엄마는 그렇게 생각했구나. 재미있어.'

'아빠의 감상은 나랑 좀 다르네. 왜 그럴까?'

'그렇게 생각할 수도 있구나. 그 책 다시 한번 읽어 봐야겠다.'

'이야기하다 느낀 건데, 나 이 책 좋아하는 것 같아.'

이처럼 생각에 깊이를 더하게 되면서 아이의 마음은 쑥쑥 자라납니다.

초등학생의 집중력 지속 시간은 약 20분이라고 합니다. 그 점을 생각하면 아이가 책을 한 시간 동안 계속 읽는 것은 힘든 일입니다. 하지만 저녁 식사 때 가족과 함께 한 시간을 보내면서 책에 대해 이야기하는 일은 가벼운 마음으로 즐길 수 있지 않을까요?

그런 경험을 쌓아 나가는 동안 **즐거운 마음으로 책을 생각하는 시간이 늘어납니다. 이윽고 그 시간이 독서 습관의 정착으로 이어집니다.**

책 읽어 주기뿐 아니라
생각을 말해 준다

아이가 글자를 읽을 수 있게 되면 책 읽어 주기를 그만둬야 한다고 생각하는 사람들도 있는 모양입니다. 그러나 책 읽어 주기는 몇 살까지 계속하든 문제가 없습니다. 책 읽어 주기가 독서 경험을 확장하는 수단 중 하나이기 때문입니다.

아이가 "책 읽어 주세요"라고 말하는 것은 '어른과 함께 시간을 보내고 싶은' 마음의 표현일 가능성이 있습니다. 혼자 책을 읽는 것이 외롭다고 느끼는 아이의 경우, 어른이 책을 읽어 주면 따뜻함을 느끼며 책을 즐길 수 있습니다. 또 그 책에서 느낀 점에 대해 대화하고 공유하는 기쁨도 만끽할 수 있지요.

이 같은 경험은 **책 읽어 주기를 졸업한 후에도 아이의 독서 습관을**

정신적으로 뒷받침해 줄 것입니다.

물론 책을 읽어 주기만 하는 것이 아니라, 혼자서 책 읽는 능력도 길러 줄 필요는 있습니다. 하지만 직접 책을 읽지 않더라도 책에서 자극을 받거나 즐거움을 느낄 기회를 늘리는 일은 독서의 습관화에도, 그리고 아이의 성장에도 바람직하지요. 아이는 그런 기회들을 통해 독서를 점점 좋아하게 될 수 있습니다.

아이에게 생각을 말해 주는 것도 독서 경험을 확장하는 수단입니다. **어른이 책을 읽어 주면서 마치 실황 중계처럼 '어느 부분에 주목하며 읽고 있는지' 말해 주는 것이지요.** 그때그때 느낀 내용을 있는 그대로 말해 주기만 하면 됩니다.

어른다운 깊은 생각이나 올바른 해석을 말해 주지 않더라도 괜찮습니다. "이 그림에는 ○○가 그려져 있네" 같은 단순한 감상만으로도 충분합니다. 마치 책을 실황 중계하듯 본 것과 느낀 것을 말로 표현해 보세요.

틀린 말을 했다고 해도 "아닌데! ○○라고 쓰여 있는데요!"처럼 아이와 함께 떠들다 보면 분위기가 더 즐거워집니다. 아이에게는 그런 대화가 자신의 예상이나 이미지와는 다른 부분을 의식하며 꼼꼼히 읽는 연습이 되기도 합니다.

생각 말해 주기는 독서 선배인 어른이 어떻게 책을 읽고 생각하거나 느끼는지 아이가 접할 수 있는 절호의 기회입니다. 이런 순간들이 축적되면 아이는 독서라는 과정을 즐기는 법을 알고, 깊이 생각하며 독서할 수 있게 될 것입니다. Column 3(174~175쪽)에서 소개한 '독서가의 일곱 가지 기술'도 꼭 복습해 보세요.

혼자 책을 읽으면 외롭다며
독서를 싫어해요

어른도 함께 독서 시간을 즐기자

혼자서 묵묵히 책을 읽는 일은, 독서에 익숙하지 않은 아이에게는 고독한 작업이기도 합니다.

어른이 책을 읽어 줄 때는 함께 책을 즐길 수 있습니다. 하지만 스스로 책을 읽게 되면 아이는 갑자기 혼자가 되고 말지요. 이 때문에 **책을 읽으면서 느낀 '재미있다!', '재미없어……' 등의 감정을 곧바로 다른 사람과 공유하지 못해서 외로움을 느끼는 경우가 있습니다.**

이럴 때는 아이가 책을 읽은 직후에 대화 나누기를 추천합니다. 그렇게 하면 아이의 외로움은 누그러집니다.

아이의 독서 시간에 맞춰 어른도 함께 읽고 싶은 책을 읽는 것도 좋습니다. 그렇게 하면 아이는 어른의 존재를 느끼며 독서할 수 있기 때문에 외로움을 잘 느끼지 않게 됩니다. 함께 독서 시간을 보낸 후에는 책에 대해 이야기해 보는 것도 좋겠지요.

아이가 읽은 책에 대해 이야기하는 것도 좋고, 어른이 읽은 책에 대한 감상을 들려주는 것도 아이에게 자극이 됩니다. 아이 혼자 독서하는 것이 가능하더라도, 가끔은 책을 읽어 주면 어떨까요?

책을 읽어 주면 아이가 따뜻함을 느낄 수 있습니다. 이런 경험은 정신적인 지지대가 되어 줍니다. 어른이 아이에게 읽어 주는 것도 좋고, 아이가 어른에게 읽어 주는 것도 좋습니다. 한 쪽씩 번갈아 가며 서로 책을 읽어 주는 것도 재미있답니다.

감상이 단답형이라도
뭐라고 하지 않는다

책을 읽고 감상을 서로 이야기하면 아이의 마음이 더욱 성장합니다. 그런데 어떤 책에 대한 감상을 물어보든 "재미있었어요"라며 한마디로 끝내는 아이들이 있습니다. 이런 아이들에게는 어떻게 접근해야 할까요?

우선 중요한 것은 어떤 감상이라도 부정하지 않고 수용하는 일입니다. **감상의 내용이나 분량은 신경 쓰지 않고, 아이가 실제로 가진 생각으로서 그대로 받아들입니다.** 설령 "재미있었어요"라는 한마디라고 해도, 어엿한 감상입니다.

길고 충실한 감상을 요구하는 일은 어려운 책을 들이미는 것과 마찬가지로 독서에 대한 장벽을 높이고 맙니다. 그 결과 거부감이나 회

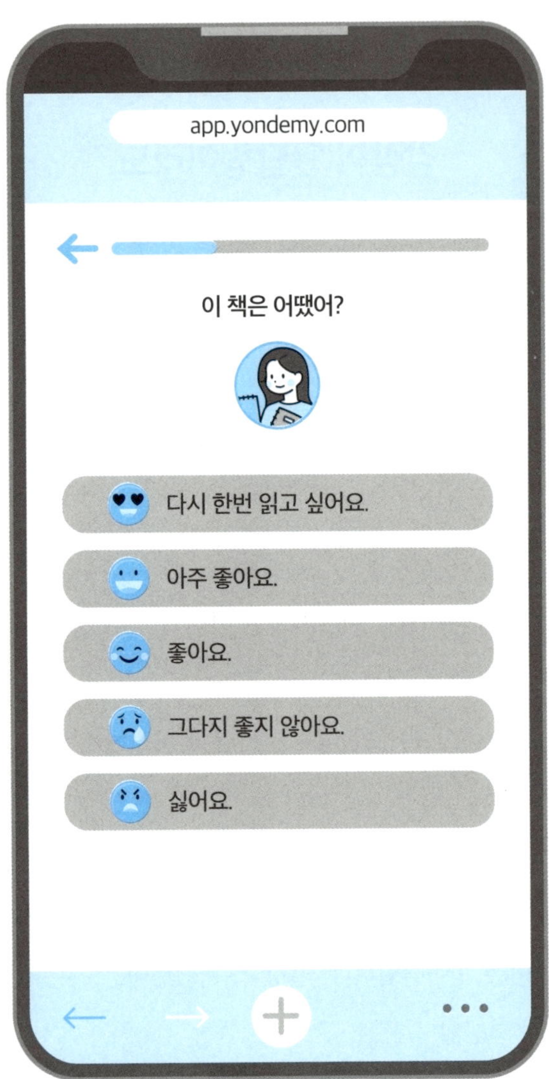

욘데미에서는 감상을 선택만 하면 됩니다. 아이에게 거부감이나 부담감을 주지 않기 위해서, 길고 충실한 감상을 요구하지 않는 것도 중요합니다.

피하고 싶은 마음이 강해져 독서를 멀리하게 될 수도 있습니다.

욘데미에서는 읽은 책의 감상을 제출할 수 있습니다. 다만 주관식으로 감상을 작성하는 일이 필수는 아닙니다. 선택지 중에서 고를 수도 있지요. 이를테면 '이 책은 어땠어?'라는 질문에 '다시 한번 읽고 싶어요', '아주 좋아요', '좋아요', '그다지 좋지 않아요', '싫어요'라는 다섯 가지 대답을 보여 주며 아이가 자기 생각과 가장 가까운 것을 고르도록 합니다.

감상을 말로 잘 표현하지 못하는 아이의 경우는 가정에서 이런 선택지를 준비해서 감상을 들어 보는 것도 좋지 않을까요?

감상을 물을 때는
세 가지를 의식한다

설령 "재미있었어요"라는 감상밖에 말하지 못하는 아이라고 해도, 말로 잘 표현하지 못할 뿐 마음속에는 '재미있었다' 이상의 생각이 감춰져 있는 경우가 적지 않습니다. 그 생각을 말로 표현할 수 있기만 하면 책에 대한 대화를 즐기고 더 꽉 찬 독서 경험을 하게 될 가능성이 있습니다.

여기서 주목할 부분이 '감상을 물을 때의 세 가지 포인트'입니다. 이 포인트들에 주의하며 감상을 물어보기만 해도 아이의 감상이 점점 더 구체적이고 풍부해집니다.

첫째는 편안한 분위기에서 대화를 즐길 수 있도록 하는 일입니다. **'감상을 캐묻는다'가 아니라 '책에 대해 즐겁게 대화한다'라는 마음**

으로 함께하는 것이 중요합니다.

식사할 때, 목욕할 때, 자기 전 등 아이가 편안한 상태일 때 잡담의 형태로 책 이야기를 꺼내 보면 어떨까요? 아이가 '감상을 말해야 해……'라며 긴장할 필요 없이 자기 생각을 느긋하게 이야기할 수 있는 분위기를 만들어 주세요.

둘째는 구체적으로 질문하는 일입니다.

막연히 '어땠어?'라고 물으면 아이는 곧바로 자세한 대답을 내놓을 수 없습니다. 아이가 책의 내용을 떠올리고 읽으면서 느꼈던 점을 말로 표현하려면 아주 많은 에너지가 필요하기 때문입니다. 그러므로 우선 **'예', '아니오'의 둘 중 하나를 선택해 대답할 수 있는 질문을 해서 책의 내용을 떠올릴 준비를 시켜 줍니다.** 예를 들어 다음과 같은 대화를 통해 조금씩 준비를 시켜 주기를 권합니다.

"어제『○○○』이라는 책 읽었지?"

"네." (그 책을 떠올린다.)

"『○○○』 재미있었어?"

"네." (책의 내용을 떠올린다.)

"마음에 드는 등장인물이 있었니?"

"네." (구체적인 등장인물을 떠올린다.)

"누구였어?"

"누구냐면……."

이처럼 서서히 파고들며 기억을 상기시켜 주면 아이가 더 쉽게 대답할 수 있습니다.

육하원칙(언제, 어디서, 누가, 무엇을, 어떻게, 왜)으로 질문해서 조금씩 깊이 들어가면 좋겠지요.

마지막으로 셋째는 **아이의 체험과 최대한 연결해서 질문하는 일입니다.**

"어제저녁에 먹은 카레는 『○○○』 책에 나온 거랑 비슷했지?"

"지난주 가족여행은 『○○○』 이야기 같지 않니?"

이런 식으로 아이가 본 적이 있는 대상, 체험한 적이 있는 일을 책의 내용과 연결해서 질문합니다.

깊이 있고 폭넓은 감상을 말하기 위해서는 책에서 읽은 내용을 자신의 경험과 연결해서 상상하고 이것저것 생각할 필요가 있습니다. 아이가 그렇게 할 수 있도록 구체적인 질문을 해 줍시다. 이런 질문 방식을 따르면 아이는 책에 대한 감상을 더 쉽게 말할 수 있습니다. 이와 더불어 분명 아이들 특유의 풍부한 감성으로 생각을 표현할 수 있게 될 것입니다.

아이와의 대화에 참고할
질문 목록

장면				
좋은/싫은 장면은?	가 본 적 있는 곳이 나왔어?	아는 곳과 비슷한 곳이 나왔어?	마음에 드는 그림은?
어떤 장면에 들어가 보고 싶니?	가장 중요한 장면은 무엇인 것 같아?	주변에서 똑같은 일이 일어난 적 있니?	

등장인물		
주인공의 좋은/싫은 부분은?	너와 닮은/다른 등장인물은?	친구가 돼 보고 싶은 등장인물은?
어느 등장인물이 돼 보고 싶니?	만약 네가 주인공이라면 이럴 때 어떻게 할까?	등장인물에게 질문할 수 있다면 누구에게 뭘 물어볼까?

줄거리		
정말로 있었던 이야기일까?	이야기의 결말은 마음에 들었어?	이 이야기가 계속 이어진다면 어떻게 될까?
표지 그림과 이야기 내용이 서로 어울렸니?	제목을 보고 상상한 이야기와 실제 이야기가 비슷했니?	이 이야기에 직접 제목을 붙여 본다면 뭐라고 할래?

감상을 물어도
"재미있었다"는 말만 해서 걱정돼요

감상이라는 '결과'가 아니라, 독서를 즐기고 있는지를 중시하자

아이가 책을 읽은 뒤 감상을 물어보면 "재미있었어요", "그냥 그랬어요"라는 단순한 대답만 돌아오나요? 그런 상황이 계속되면 '내용을 제대로 이해하지 못한 거 아닐까?', '깊은 생각을 할 줄 모르는 건 아닐까?'라는 걱정이 들 수도 있겠지요.

이런 걱정은 독서의 '결과'를 중시하기 때문에 생겨납니다. 정작 가장 중요한 '아이 스스로 독서를 즐기고 있는지'는 우선순위에서 밀려난 것입니다.

어른이 책을 읽어 주던 시기가 지나고 아이가 혼자서 책을 읽게 되면, 아이는 그 책의 내용을 전부 알아서 독해해야 합니다.

어른이 책을 읽어 줄 때는 귀로 들어오는 정보를 해석하는 데만 집중할 수 있습니다. 어른의 목소리나 표정 등도 내용을 이해하는 데 도움이 됩니다. 하지만 혼자서 책을 읽게 되면 그런 도움이 전혀 없지요. 부담이 급격히 늘기 때문에 내용을 제대로 이해하지 못하는 것도, 깊은 생각이 어려운 것도 당연합니다.

그렇기에 주목해야 할 부분은, **책을 읽는 아이가 그 시간을 '즐기고 있느냐 하는 문제'입니다.**

즐기고 있다면 어떻게 즐기고 있는지 주목해야 하고요.

결과적으로는 "재미있었어요"라는 한마디밖에 감상을 말하지 못한다 해도, 그리고 내용을 올바르게 이해하지 못한다 해도, 그것만으로 아이의 독서의 질을 판단할 수는 없습니다.

아이가 즐기면서 독서하는 과정에서 수많은 생각을 하고 있는지도 모르고, '이것도 아니고 저것도 아니야……'라는 시행착오를 거치며 꽉 찬 시간을 보내고 있는지도 모릅니다.

책 읽는 시간을 즐기는 방법은 사람마다 제각각입니다. **아이의 독서에서 가장 중요한 부분이 반드시 '올바르게 이해하고 있는가', '깊이 있게 독서하고 있는가'에만 있는 것은 아닙니다.**

'포스트잇 독서'로
감상을 묻는다

아이가 감상을 더 쉽게 말하고, 책에 대한 대화를 더 쉽게 즐기는 기술 중 하나로 '포스트잇 독서'가 있습니다. 아이는 독서하며 인상적이거나 신경 쓰이는 부분에 포스트잇을 붙입니다. 다 읽고 난 뒤, 어른은 포스트잇이 붙어 있는 부분에 대해 질문만 하면 됩니다.

"○○라는 이름의 사람, 어떤 사람이야?"

"이 그림의 어느 부분이 재미있었니?"

이런 간단한 질문으로 충분합니다.

이 질문에 대한 대답은 무엇이라도 좋습니다. 정답은 따로 없습니다. '그게 감상이라고?'라는 생각이 들더라도 그대로 인정해 주세요.

어른의 시각에서는 '왜 그렇게 이해했지?', '왜 그런 부분이 재미있다고 할까?'라는 생각이 들지도 모르지만, 아이에게는 자신의 인생 경험을 총동원해서 이끌어 낸 혼신의 대답일 수도 있습니다.

어른이라도 시간이 지나면 감상이 바뀔 수 있는데 하물며 아직 성장 중인 아이라면 나중에 대답이 달라질 가능성이 더 높습니다. 그러니 **아이의 감상은 어떤 내용이든 존중해 주세요. 그것이 쌓이면 일상적인 대화 속에서 감상을 술술 말할 수 있는 토대가 되니까요.**

어떤 감상이라도
수용하고 공감한다

아이가 독서를 즐기면서 습관으로 만들 수 있도록, 아이와 함께 책에 대해 대화하는 시간을 잘 활용하면 좋겠습니다. 하지만 그러기 위해 책에 대한 감상을 주고받으려 해도 대화의 '핑퐁'이 잘 이루어지지 않는 때가 있습니다. 이를테면 아이의 감상이 "재미있었어요", "그냥 그랬어요", "잘 모르겠어요" 등인 경우, 어른은 대화가 길게 이어지지 않기 때문에 불만족스럽다고 느끼기 쉽지요.

하지만 이것도 아이 나름의 정직한 대답임은 분명합니다. 어쩌면 '지금은 대답하고 싶지 않아', '어떻게 대답해야 할지 모르겠어'라고 생각하고 있을지도 모르고요.

말을 잘하지 못한다고 해서 "재미있었어? 어떤 부분이 좋았어?"라고 억지로 대답을 이끌어 내는 것은 역효과입니다. 아이는 '이제부터 이야기하려고 했는데……'라고 생각하며 말할 의욕을 잃고 맙니다.

중요한 것은 안달하지 않고 찬찬히 아이의 말을 기다려 주고, 그대로 받아들이는 일입니다. 성급한 반응은 자제하고, 아이의 말에 고개를 끄덕이거나 그 말을 반복하는 정도로 반응합시다.

아이의 감상에
어떻게 대답하면 좋을까요?

아이가 자신감을 느끼고 안심할 수 있는 반응이란?

책의 감상에 대한 대화가 잘 진행되지 않는다면, 그 이유 중 하나는 아이가 감상을 말로 매끄럽게 표현하지 못하기 때문입니다. 이런 경우라면 Tips 36(214~217쪽)을 참고해서 질문 방법을 연구해 봅시다. 분명 아이가 생각을 구체적으로 전달하기 쉬워질 테니까요.

또 다른 이유는 어른에게 있습니다. 아이에게 자신감을 북돋아 주는 반응을 하지 못하고 있을 가능성입니다. 아이가 조금씩 이야기를 하게 되면 꼭 시도해 봐야 할 것이 바로 공감을 표현하는 일입니다. 아이의 감상에 대해 "그렇구나!", "그 기분 알지!"라고 말해 보세요. **어른의 공감이 있으면 아이는 '이렇게 생각해도 되는구나', '내 생각**

이 틀리지 않았어'라고 안심합니다. 그러면 점차 자신의 감정을 소중히 여기며, 자신 있게 말할 수 있게 됩니다.

아이가 책을 조금 잘못 이해했더라도 우선은 받아들여 주고 공감하는 일이 중요합니다.

또 한 가지 추천하고 싶은 것이 '돌아보기'입니다. 아이가 감상을 이야기하면 다음 날 그것을 대화 소재로 삼아 보세요.

"그러고 보니 어제, 그 책이 ○○○하다고 했지? 나도 읽어 봤는데……."

"어제 그 책 주인공이 ○○○하다고 했는데, 난 △△△하다고 생각했어."

이런 식으로 전날 아이가 들려준 감상을 수용하고, 거기에 어른의 감상을 더해서 이야기해 보세요. 아이는 자신의 감상이 받아들여졌다는 안심과 함께 새로운 관점을 얻을 수 있습니다.

다만 이렇게 '돌아보기'를 실천해도 아이가 그냥 흘려 넘기는 경우도 있습니다. 아이에게도 타이밍이 있고, 어른의 말을 잘 받아들이지 못하는 때도 있기 때문입니다. 그럴 때는 곧바로 대답을 요구하지 말고, 다른 날 다시 '돌아보기'를 시도하는 것이 좋습니다.

누군가가 자신의 감상을 부정하지 않고 받아들이며 관심을 보이는 것은 기쁜 일입니다. 그런 경험이 자신감으로도 이어져서 '책을 더 읽고 싶어! 더 이야기하고 싶어!'라는 마음을 길러 낼 것입니다.

◯ 책에 대해 생각하거나 이야기하는 시간이 독서를 계속하는 원동력

이 된다.

◯ 책을 읽어 주거나 생각을 말해 주면 독서 체험의 폭이 넓어진다.

◯ '올바른 독서'보다 '즐거운 독서'가 중요하다.

◯ 어른이 질문을 잘하면 아이는 더 쉽게 감상을 말할 수 있다.

도서관이나
서점에 간다

독서 습관이 자리 잡고 있다고 생각했는데, 점점 질려서 책을 읽지 않게 되는 아이.

관심을 보일 만한 책을 온 집 안에 뒀는데, 내키지 않는지 펼쳐 볼 생각을 하지 않는 아이.

이렇게 정체기가 온 아이나 애초에 독서에 관심이 없는 아이, 그리고 독서를 좋아하는 아이에게도 꼭 추천하는 것이 도서관이나 서점에 가는 일입니다.

도서관과 서점은 집이나 학교와는 다른 자극을 많이 주기 때문에 독서에 대한 의욕을 불러일으키는 장소입니다.

수많은 책꽂이가 놓여 있고, 거기에 온갖 종류의 책이 빼곡히 꽂혀 있지요. 어느 방향을 둘러봐도 엄청난 수의 책이 눈에 들어옵니다. 그런 환경에 있으면 아이는 자연스럽게 호기심을 갖습니다.

때로는 규모가 특히 큰 도서관이나 서점에 가 보는 것도 추천합니다. 어떤 아이는 평소에 못 가 봤던 대형 도서관에 가자 "보물 더미다……!"라며 눈을 반짝였다고 하더군요.

아이의 상상을 뛰어넘는 무궁무진한 종류의 책이 가득한 대형 도서관은 말 그대로 보물 더미입니다. 그곳에서 느낀 설렘은 분명 '책을 읽고 싶다'라는 마음에 다시 불을 붙여 줄 것입니다.

책을 이것저것 빌리며
시행착오를 반복한다

도서관의 커다란 매력은 책을 고를 때 얼마든지 시행착오를 반복해도 된다는 점입니다.

여러 권 빌려서 우선 조금씩 읽어 보게 합니다. '재미가 없다면 도중에 그만두고 반납하면 그만이지' 이렇게 가벼운 마음으로 책을 접해 보게 하세요.

독서의 매력에 아직 눈뜨지 못한 아이라면 책을 열 권 빌렸을 때 그중 마음에 와닿는 책은 한 권 있을까 말까입니다. 그러니 너무 심사숙고하지 말고 과감하게 이것저것 빌리면 됩니다.

도서관에서는 책과 관련된 행사를 개최하기도 합니다. 그런 행사에 참여하면 그전과는 다른 관점에서 독서의 즐거움을 배우게 될 수도 있습니다.

사서에게 책을 추천해 달라고 하는 것도 좋고요.

이렇게 해서 **폭넓은 종류의 책을** 접하다 보면 '이런 장르의 책도 재미있겠다', '이 정도로 긴 책도 읽어 보고 싶어'라는 마음이 싹트기도 합니다.

수많은 장서 속에서 부담 없이 책을 골라 읽을 수 있는 도서관이기에 호기심이 눈뜨고 세계가 확장되는 일이 일어나는 것입니다.

원하는 책을 사러 가는
'책의 날'을 보상으로 준다

서점에서 마음에 드는 책을 사 주는 일을 보상으로 삼는 것도 좋습니다. 이를테면 "이 목표를 달성하면 서점에서 사고 싶은 책을 사도 돼"라고 정해서, 보상으로 책을 사 주는 건 어떨까요?

이때 규칙은 **아이가 고른 책에 토를 달지 않는 것입니다.** 설령 만화책이나 그림책을 골랐다고 해도, 또는 이미 가지고 있는 것과 비슷한 책을 골랐다고 해도 어른의 의견을 일절 보태지 않고 흔쾌히 사 줘야 합니다.

그렇게 하면 아이는 '내가 고른 책은 반드시 가질 수 있구나'라며 기대하게 됩니다. 이는 아이에게 특별한 계기가 됩니다.

한 달에 한 번 정도 '책의 날'을 정하고 그날마다 서점에 가는 것도 추천합니다. 온 가족이 서점에 가서 각자 마음에 드는 책을 사는 것도 즐겁겠지요.

가족끼리 그런 경험을 쌓다 보면 어른과 아이가 대등하게 독서 친구가 될 수 있습니다. '어른이 시켰기 때문에 아이가 책을 읽는 것'이 아니라, '어른과 아이가 대등하게 독서를 즐길 수 있게 되는 것'입니다.

도서관이나 서점 외에도 북카페나 북호텔 등 책을 즐길 수 있는 곳은 많습니다. 그런 곳을 방문하면 즐거운 기억과 독서가 쉽게 연결됩니다. 책을 가지고 소풍이나 여행을 가는 것도 좋고요.

그렇게 해서 조금씩 즐거운 독서 경험을 늘려 나가는 것입니다.

설령 책을 싫어하는 아이라고 해도, 시원한 나무 그늘에서 책장을 넘겨 보면 신선한 기분으로 책 속 세상에 발을 들여놓을 수 있을지 모릅니다. 독서를 한 후 카페에서 보낸 시간에 만족하면 그 만족감이 독서와 연결되어 긍정적인 인상을 받게 될지도 모릅니다.

즐거운 추억과 독서를 연결하면 아이는 독서를 더욱 좋아하게 됩니다. 외출, 독서 자체, 그리고 독서 후의 대화가 모두 즐거울 경우 아이는 책에 좋은 인상을 가지고 스스로 독서를 하게 될 것입니다.

그렇게 되면 더 이상 어른이 도울 필요가 없습니다.

즐거워서 책을 읽습니다. 읽으면 즐거워집니다. 그래서 또 책을 읽습니다. 아이의 삶 속에서 그런 연쇄반응이 생겨나는 것입니다.

원칙 11 정리

○ 도서관과 서점은 아이의 호기심을 자극하는 곳이다.

○ 즐거운 추억과 책을 연결하면 독서가 점점 더 좋아진다.

독서에 빠져들었던 초등학교 3학년 때, 저는 쉬는 시간마다 친구와 함께 학교 도서실로 발걸음을 옮겼습니다. 독서를 좋아하던 그 친구와 **"이 책 읽어 봤어?", "저 책 재미있겠다. 내가 먼저 읽어야지!"** 라고 떠들며 경쟁하듯 책을 읽었지요. 도서실 책꽂이에 꽂힌 책이란 책은 모두 쉬는 시간에 빌려서 수업 중에 몰래 읽었습니다. 그렇게 해서 하루에 한두 권씩 책을 읽었습니다.

왜 그렇게 독서에 열중했느냐고요? 어쨌든 재미있었으니까요.

저와 잘 맞는 한 권의 책을 만난 후(제 경우는 『북극곰 무시카 미시카』였습니다) 책을 읽는 시간은 물론이고 책을 찾는 시간, 책에 대해 대화하는 시간 모두 즐거워서 어쩔 줄 몰랐습니다. 그저 즐거워서 독서를 사랑하게 됐습니다.

'아이들이 독서를 좋아하게 됐으면 좋겠다.'

이것이 욘데미를 운영하는 저희의 가장 큰 소망입니다. 책을 올바르게 읽지 않더라도 괜찮습니다. 글자를 읽지 않고 그저 바라보는 것만으로도, 집어 드는 것만으로도 괜찮습니다. 일단 **책과 함께 보내는 시간을 '즐겁다'고 느끼고 좋아하게 된다면 그것으로 충분하다고 생각합니다. 좋아하는 일을 하면서 즐거움을 느끼면, 누가 뭐라고 하든 그 일을 계속하고 싶지요.** 그렇게 조금씩 계속하면 힘들이지 않고 숙달되어 자연스럽게 발전하게 됩니다.

물론 좀처럼 발전이 없는 아이를 보면 애가 탈 수 있습니다. 하지만 초조함에 사로잡혀 아이를 지나치게 밀어붙이는 방식은 큰 위험을 안고 있습니다. 무엇보다 아이의 내면에서 가장 소중한 '즐거움'이 점점 사라질 수 있기 때문입니다.

이 책에서는 40가지의 팁을 소개합니다. 하지만 이를 모두 실천해야 할 필요는 없습니다. 아이가 '즐겁다'고 느끼는 경험을 가장 우선에 두고, 상황에 맞게 도움이 될 만한 방법을 유연하게 시도해 보세요.

즐겁다면 그것으로 충분합니다. 책을 좋아하게 된다면 그것으로 충분합니다. 그렇게 여유로운 마음으로 아이와 함께, 그리고 책과 함께 행복한 시간을 보낼 수 있다면 그것이 최고라고 생각합니다.

필요할 때 필요한 책을 골라서 필요한 만큼 읽을 수 있게 되는 일.

독서가 아이의 인생을 뒷받침하는 평생의 무기가 되는 일.

이것이 독서 교육의 목표입니다.

어릴 때 독서 습관을 익힘으로써 중요한 순간에 책에 의지할 수 있게 되면 그보다 더 든든한 일은 없습니다. 인생이 더욱 풍요롭고 깊어질 것이 틀림없습니다.

바빠지거나 다른 취미가 생기면 일단 습관이 된 독서에서도 멀어지고 마는 일이 있을지 모르지요. 저도 중학생 때부터 대학교에 들어갈 때까지 수년 동안 그렇게나 좋아했던 독서에서 멀어졌습니다. 하지만 **초등학생 시절에 쌓은 독서 경험과 책에 대한 신뢰는 결코 사라지지 않았습니다.** 대학생이 되고 욘데미를 설립하기로 결정한 저는 다시 열심히 책을 읽게 됐습니다. 그렇게 읽은 수없이 많은 책 덕분에 지금의 제가 있고, 또 욘데미가 있는 것입니다.

'온라인 독서 교육'이라는 전례 없는 서비스를 실현하기 위해 저는 멤버들과 함께 수많은 책을 읽으며 배웠습니다.

낸시 앳웰의 『중심에서*In the Middle*』는 저희에게 없어서는 안 되는 한 권의 책입니다. 제 독서 교육의 은사님, 사와다 에이스케 선생님이 번역에 참여하신 이 책은 욘데미의 원점이라고도 할 수 있겠지요.

이 밖에도 『그림책에서 이야기책까지』, 『독서의 발달심리학読書の

発達心理学』, 『독자의 권리 *The Rights of the Reader*』, 『독서 실력은 이렇게 키운다 読む力はこうしてつける』, 『읽기를 수선하다 *Hacking Literacy*』, 『탁월함의 도덕 *An Ethic of Excellence*』 등 수많은 책이 저희에게 깨달음을 주었습니다.

저희는 지금도 욘데미의 서비스를 더욱 개선하기 위해 계속 책을 읽으며 공부하고 있습니다. 독서를 통해 기른 사고력과 상상력도 도움이 되고 있습니다. **책이라는 존재가 언제나 저희 곁에서 든든하게 함께하고 있음을 느낍니다.**

독서 능력은 꿈을 실현하는 힘으로 이어졌습니다. 이 힘이 앞으로도 저희의 가능성을 커다랗게 넓혀 주리라고 믿습니다.

부디 아이들이 평생 도움이 될 이 능력을 익혀서 더욱 행복한 인생을 살기를 바랍니다. 이 책이 그 일에 도움이 되기를 진심으로 소망합니다.

더 많은 가정이 독서로 행복해지길 바라며

이 책에는 아이가 책을 너무 좋아해서 보호자가 "넌 또 책만 보고 있니!"라고 잔소리하는 사례가 언급됩니다. 사실 저도 어릴 때 그런 아이였습니다. 친구들과 놀거나 TV를 보는 것보다 책 읽기를 더 좋아해서 부모님이 걱정할 정도였지요. 그래서 이 책을 읽으며 저자가 저처럼 어릴 때부터 책을 사랑해 온 사람임을 직감할 수 있었습니다. 책과 함께하면서 맛볼 수 있는 행복을 한 명이라도 더 많은 아이에게 알려 주고자 하는 진심도 느껴졌습니다.

저자와 같은 한 사람의 독서가로서, 저는 독서의 이점에 대한 도입부부터 크게 공감했습니다. 책에는 무엇이든 쓰여 있으므로 책을 읽을 줄 알면 새로운 배움을 얻을 수 있고, 고민을 해결할 실마리를 찾을 수 있습니다. 특히 학교 성적에 대해 항상 걱정해야 하는 한국의 현실에서 독서 능력은 큰 무기가 됩니다. 공부의 많은 부분이 '글을 읽고 이해하기'로 이루어져 있기 때문입니다.

이 책에서 무엇보다도 좋았던 점은 '아이가 즐겁게 독서할 수 있도록 은근히 유도해야 하며, 강요하면 역효과가 날 뿐이다'라는 사실을 강조하는 것입니다. 다른 모든 종류의 애정과 마찬가지로, 독서에 대한 애정도 자연스럽고 자발적인 과정을 통해서만 싹트고 자라날 수 있기 때문입니다. 이런 맥락에서 저자의 독서 교육을 한마디로 요약하면 '아이가 마음에 드는 한 권의 책과 우연히 만날 가능성을 최대한 높이기'입니다.

그리고 그 방법은 상당히 체계적이고 실용적입니다. 먼저 촘촘한 도서 목록을 활용해 아이의 레벨과 취향을 파악합니다. 아이가 압박감을 느끼지 않도록 여러 가지로 주의하면서 아이가 좋아할 만한 책을 고르고, 독서 목표도 처음에는 '하루 10분' 정도로 설정해서 부담을 최소화합니다. 필요하다면 보상과 칭찬을 통해서 독서에 대한 의욕을 이끌어 내지요. 독서 습관이 정착되면 비로소 더 다양하고 더 어려운 책에 아이가 천천히 도전할 수 있도록 합니다. 독서 과외를 거쳐 온라인 독서 서비스를 운영하고 있는 저자의 오랜 경험과 노하우가 느껴집니다.

특히 제 눈에 띄었던 방법은, 아이에게 읽히고 싶은 특정한 책이 있을 때 "이 책 재미있더라"라고 아이와 대등한 위치에서 감상을 이야기하고 아이의 선택권을 온전히 존중하는 것입니다. 아이나 어른이나, 타인이 지시하는 일은 귀찮고 거부감이 드는 것이 인지상정입니다. 제 경우에도 주변 사람이 "읽어 봐"라며 들이미는 책보다 "재미있더라"라고 감상을 이야기하는 데서 그치는 책에 항상 더 관심이 갑니다.

감상을 말하려면 우선 어른이 그 책을 읽어야 할 것입니다. 그저 쓱 훑어보는 것이 아니라, 어떤 부분이 어떤 이유로 재미있었는지 아이에게 이야기해 줄 수 있도록 꼼꼼히 읽고 생각하는 시간을 가져야 합니다. 이런 행동은 아이에게 모범을 보인다는 측면에서도 아주 효과적이지요. 아이를 독서가로 만들고 싶다면 어른이 먼저 독서가가 될 필요가 있습니다.

아이에게 일방적으로 독서를 시키는 것이 아니라 어른도 함께 책을 읽어야 한다는 점은 저자도 여러 번 직간접적으로 언급합니다. 독서 시간을 가족 전체의 규칙으로 만들고, 집 안에 다양한 책을 두는 데에서 한발 더 나아가 직접 책 읽는 모습을 보여 주고, 내용에 대해 대화를 나누고, 아이와 함께 도서관이나 서점에 가기를 추천합니다.

저자는 어른의 부담감을 덜어 주는 일도 잊지 않습니다. 모범을 보이려고 어려운 책을 읽을 필요도 없고 앉은자리에서 책 한 권을 다 읽을 필요도 없다고 조언합니다. 그림책이나 잡지를 즐겁게 들여다

보는 모습을 아이에게 보여 주는 정도로도 충분하다는 것입니다. 어른이 무언가 재미있는 일을 하고 있는 듯 보이면, 아이들이란 따라 하고 싶어 하기 마련이니까요.

어릴 때를 돌이켜 봐도 제게 책을 읽으라고 시킨 사람은 없었습니다. 부모님은 업무 또는 취미로 틈틈이 독서를 했고, 집에는 항상 책이 있었습니다. 생활의 일부였기에 독서를 위해 따로 노력할 필요가 없었지요.

아이를 압박하지 않고 자연스럽게 독서에 이끌리도록 유도하는 것은 전반적인 양육 철학의 측면에서도 바람직해 보입니다. 아이를 '어른이 시키면 시키는 대로 하는 객체'가 아니라 '선택권과 취향을 가진 주체'로서 존중한다는 뜻이기 때문입니다. 어쩌면 이 책의 바탕에 깔린 중요한 주제 의식일지도 모르겠습니다.

아이의 독서 경험을 있는 그대로 인정하고 수용하는 저자의 방식도, 독서를 좋아하도록 유도하는 실용적인 방법인 동시에 아이에 대한 근본적인 존중의 일환일 것입니다. 아이가 책을 끝까지 읽지 않거나 띄엄띄엄 읽어도 섣불리 간섭하지 않습니다. 책에 대한 감상을 물었을 때 아이가 "재미있었어요", "잘 모르겠어요" 등으로만 대답하거나, 내용을 잘 이해하지 못한 듯 보여도 조바심을 내지 않습니다. 시행착오를 거치며 책의 세상을 탐험해 나가는 주체는 다른 누구도 아닌 아이 본인이기 때문입니다.

이 책을 통해서 더 많은 아이들이, 나아가 더 많은 가정이 독서의 즐거움에 빠져들기를 바랍니다. 아이가 자발적으로 재미있게 책을 읽는 모습을 보호자가 편안하게 바라보는 행복한 가정이 늘어나고, 아이들이 평생 동안 독서라는 든든한 동반자와 함께하기를 바랍니다. 그것이 한 사람의 독서가로서 저자가 가진 순수한 소망일 것이며, 한 사람의 독서가로서 이 책을 우리말로 옮긴 제가 품는 소망이기도 합니다.

2026년 초봄,
이정미

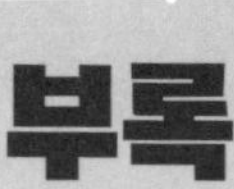

부록

류창진(현 대구금포초등학교 교사,

네이버프리미엄콘텐츠 '다시, 학교 공부' 운영자)

아이의 평생을 바꾸는
독서 교육을 시작합니다

최근 조사에 따르면 많은 교사가 아이들의 문해력이 예전보다 떨어졌다고 느낀다고 합니다. 중학생 세 명 중 한 명은 교과서를 혼자서 제대로 읽지 못해 수업 참여에도 어려움을 겪고 있다고 하고요. 이런 상황에서 유튜브와 스마트폰에 길들여진 아이들은 책과 점점 멀어지고 있습니다. 저도 교실에서 "선생님, 이게 무슨 말인지 모르겠어요"라는 말을 들을 때마다 안타까운 마음이 큽니다.

이 책은 이런 현실에서 생길 수밖에 없는 고민에 대해 해결의 방향성을 제시합니다. '독서를 할 줄 알면 다른 일들은 어떻게든 해결된다'는 저자의 철학은 제가 9년간 교실에서 느껴 온 바를 그대로 담고 있습니다. 독서를 많이 하는 아이일수록 사고력이 깊고, 어떤 상황에서도 문제 해결 능력이 뛰어났으니까요.

이 책의 가장 큰 매력은 '아이와 부모 모두가 행복한 독서 교육'을 실현한다는 점입니다. 저자는 자신의 경험을 바탕으로 아이 개개인의 취향과 수준을 이해하는 방법을 제시합니다. 40가지의 구체적인 팁 중 특히 '취향 저격하는 책 고르기', '독서에 빠져드는 계기 만들기', '독서가 습관이 되는 환경 만들기' 같은 방법들은 체계적이면서도 저자가 현장에서 직접 체득한 노하우를 담고 있습니다. 독서에 대한 이상론을 늘어놓는 것이 아니라, 바쁜 일상 속에서도 지금 당장 실천할 수 있는 현실적인 방법들을 제시하는 것입니다.

이 책이 일관되게 전하는 메시지 중 하나는 '지속 가능한 교육을 위해서는 부모는 리더가 아니라 아이 곁의 든든한 동반자가 되어야 한다'는 것입니다. 부모는 앞으로의 방향을 계획하고 점검하는 과정에서 아이가 성장하도록 도울 수 있습니다. 부디 부모님들이 이 점을 잊지 않으셨으면 좋겠습니다.

이번 한국어판에서는 국내 출간된 어린이책의 수준을 판단할 기준이 따로 있어야 한다고 생각해, '5단계 읽기 가이드'를 고안하고, 한국 문화와 교육 현실에 맞는 '국내 추천 도서 100권 목록'을 새롭게 구성했습니다. 우리 아이들에게 더 적절하고 필요한, 그러면서도 흥미를 놓치지 않은 작품들을 중심으로 초등학생 전 학년을 아우르는 체계적인 독서 로드맵을 제시합니다.

하지만 언제나 가장 중요한 것은 아이의 실제 읽기 능력과 취향을 존중하는 일입니다. 그러니 아이마다 성장 속도와 관심사가 다르다는 사실을 꼭 기억해 주세요. 다시 한번 강조하지만, 무엇보다 중요한 것은 아이가 책 읽기를 즐거워하며 스스로 책을 찾아 읽고 싶어 하는 마음을 기르는 것입니다.

『아이의 평생을 지켜 주는 빠져드는 우리 집 독서』를 통해 아이들이 평생의 동반자가 될 '생각하는 힘'을 얻게 되길 소망합니다. 이 책이 평생 이어질 배움의 문을 여는 열쇠가 되기를 바랍니다.

5단계 읽기 가이드

이 가이드는 아이의 읽기 단계를 대략적으로 파악하는 데 도움을 줄 것입니다. 다만 분량, 어휘 난이도, 내용 복잡성을 종합적으로 고려해 나누었기 때문에 같은 단계의 책이더라도 분량, 어휘 수준, 쪽당 문장 수 등이 서로 다를 수 있습니다.

도서 선택의 기본 원칙

1. 학년보다 아이의 읽기 수준을 고려해야 합니다.

아이가 독서에 익숙하지 않아 특정 수준의 책 읽기에 어려움을 겪는다면, 현재 학년보다 낮은 단계부터 시작하는 것이 좋습니다.

2. 도서는 아이의 관심사를 바탕으로 골라야 합니다.

아이의 현재 수준에서 시작하되, 관심을 보이는 주제의 책을 우선 선택해 주세요. 아이가 흥미를 보이는 책이 있다면 같은 작가나 출판사, 시리즈의 다른 책들로 확장해 나가는 것도 좋습니다. '국내 추천 도서 100권 목록'에 함께 제시된 관련 키워드도 아이의 관심사를 고려한 책 고르기에 도움이 될 것입니다. 키워드를 참고해 아이가 좋아할 만한 책을 찾아보세요.

3. 쪽수는 유연하게 활용해 주세요.

분량을 파악할 때 쪽수는 굉장히 유용한 기준입니다. 하지만 저학년 책은 1쪽에 15줄, 고학년 책은 18줄, 청소년 책은 20줄 내외인 경우가 많습니다. 똑같이 '100쪽'이라도 실제 글 분량은 다를 수 있으니 전체적으로 아이에게 맞는 수준의 책인지 고민할 필요가 있습니다.

단계별 가이드

1단계) 그림책 읽기 시작

(1) 대상: 미취학 아동~초등 2학년

(2) 아이의 특징

- 문장을 소리 내어 읽으며 이해할 수 있어요.
- 일상생활에서 자주 사용하는 쉬운 어휘를 알고 있어요.
- 삽화를 참고하며 내용을 파악하고, 자신의 경험과 관련지어 이해할 수 있어요.
- 삽화 또는 이야기와 관련된 자신의 감정을 말할 수 있어요.

(3) 추천 도서의 특징

① 분량: 50쪽 이하(쪽당 10줄 이하).

② 구성: 일상 어휘와 쉬운 단어 중심, 글과 서로 보완하며 이야기를 전달함.

③ 내용: 일상생활, 가족, 친구, 동식물 등 아이의 관심사를 다루는 이야기.

2단계) 짧은 동화 읽기

(1) 대상: 초등 2~3학년

(2) 아이의 특징

- 문장을 충분히 이해할 수 있지만, 긴 문장은 아직 어려워해요.

- 초등 저학년 교과서에 나오는 어휘를 충분히 알고 있어요.

- 이야기의 시작-중간-끝 구조를 이해해요.

- 읽고 난 후 떠오른 생각과 느낀 점을 간단히 말할 수 있어요.

(3) 추천 도서의 특징

① 분량: 50~100쪽 사이(쪽당 15줄 이하).

② 구성: 초등 저학년 교과 수준 어휘, 삽화가 글의 이해를 도움, 단문 중심의 진행.

③ 내용: 학교생활, 친구 관계 등 아이들의 일상을 다룬 창작 동화.

3단계) 긴 동화 읽기

(1) 대상: 초등 3~4학년

(2) 아이의 특징

- 긴 문장도 읽을 수 있고, 모르는 단어의 뜻을 문맥으로 어느 정도 추측할 수 있어요.

- 초등 중학년 교과서 수준의 어휘를 이해해요.

- 여러 사건이 연결된 이야기의 전체적인 내용을 이해해요.

- 인물의 성격과 특징을 파악하고, 이야기에 대한 자기 생각을 말할 수 있어요.

(3) 추천 도서의 특징

① 분량: 100~200쪽 사이(쪽당 15줄 내외).

② 구성: 대화문 비중이 높고 아이들이 읽기 쉬운 길이의 문장들로 구성됨, 삽화와 여백이 적당히 있음, 초등 중학년 교과 수준 어휘.

③ 내용: 모험, 판타지 기반 창작 동화, 전래 동화 등 옛이야기, 쉬운 인물 이야기.

4단계) 본격 읽기

(1) 대상: 초등 4~6학년

(2) 아이의 특징

- 대부분의 문장을 이해하지만, 너무 추상적인 내용은 어려워해요.

- 초등 고학년 교과 어휘와 일정 수준의 한자어를 이해해요.

- 여러 인물의 관계와 갈등을 이해해요.

- 등장인물의 마음을 이해하고 자신의 생각을 체계적으로 표현해요.

(3) 추천 도서의 특징

① 분량: 150~250쪽 사이(쪽당 18줄 내외).

② 구성: 대화문에 비해 설명·묘사 비중이 커짐, 개별 문장과 장(챕터)당 길이가 길어짐, 삽화 비중 줄어듦, 초등 고학년 교과 어휘와 일정 수준의 한자어 포함.

③ 내용: 성장 동화, 역사 동화, 추리 동화, 과학 동화, 고학년 수준의 교과 배경지식이 다뤄지는 도서.

5단계) 자유 읽기

(1) 대상: 초등 6학년 이상(또는 독서 수준이 높은 아이)

(2) 아이의 특징

- 복잡하고 추상적인 문장도 이해할 수 있어요.

- 다양한 분야의 기본적인 어휘를 알고 있어요.

- 책의 내용을 다양한 관점에서 바라보고 고민할 수 있어요.

- 책에 대한 자신의 의견을 논리적으로 설명하고, 다른 사람과 생각을 주고받을 수 있어요(토의·토론).

(3) 추천 도서의 특징

① 분량: 200쪽 이상(쪽당 20줄 내외).

② 구성: 한자와 특정 분야 어휘 비중 높음, 서사와 설명 중심으로 문장과 문단이 길어짐, 삽화가 거의 없음, 이야기 구성이 복잡함.

③ 내용: 청소년 소설, 장편 소설, 논쟁적 주제의 이야기, 사회 과학 분야 입문 서적.

그럼 지금부터 단계별로 읽기 좋은 책을 추천하겠습니다. 추천 도서 목록은 원서의 추천 도서 중 한국어판 출간작을 포함해 교과서 수록 도서와 교실 현장에서 많은 아이들이 읽어 온 책 가운데 선별했습니다. 초등 교과서에 수록된 책 옆에는 📖 아이콘을 넣었으니 참고해 주세요.

국내 추천 도서 100권 목록

번호	단계	제목	작가	출판사	키워드
1		판다 목욕탕	투페라 투페라	노란우산	동물, 즐거움, 웃음
2		검피 아저씨의 뱃놀이	존 버닝햄	시공주니어	협동, 동물, 웃음
3		무리	히로타 아키라	현암주니어	반복, 다양성, 즐거움
4		겁쟁이 빌리	앤서니 브라운	비룡소	걱정, 만들기, 조부모
5		눈물바다	서현	사계절	판타지, 마음, 웃음
6		점	피터 H. 레이놀즈	문학동네	자기긍정, 예술, 학교
7		소피가 화나면 정말 정말 화나면	몰리 뱅	책읽는곰	지혜, 자연, 감정
8	1단계	수박 수영장 📖	안녕달	창비	판타지, 즐거움, 계절
9		친구를 모두 잃어버리는 방법 📖	낸시 칼슨	보물창고	규칙, 친구, 웃음
10		친구가 미운 날	가사이 마리 글, 기타무라 유카 그림	책읽는곰	친구, 마음, 배려
11		가만히 들어주었어 📖	코리 도어펠드	북뱅크	경청, 믿음, 동물
12		두더지의 고민 📖	김상근	사계절	친구, 고민, 훈훈함
13		신발 신은 강아지	고상미	위즈덤하우스	배려, 생명, 사회문제
14		알사탕 📖	백희나	스토리보울	성장, 가족, 마법
15		틀려도 괜찮아	마키타 신지 글, 하세가와 토모코 그림	토토북	자기긍정, 용기, 학교

번호	단계	제목	작가	출판사	키워드
16	1단계	누구나 잘하는 게 있어	아라이 히로유키 글, 다케 마이코 그림	토토북	친구, 다양성, 교훈
17		거짓말	고대영 글, 김영진 그림	길벗어린이	신뢰, 성장, 두려움
18		고 녀석 맛있겠다	미야니시 타츠야	달리	공룡, 사랑, 아빠
19		기억의 풍선	제시 올리베로스 글, 다나 울프카테 그림	나린글	가족, 감동, 기억
20		슈퍼 토끼	유설화	책읽는곰	성장, 도전, 동물
21	2단계	모두 모두 한집에 살아요 📖	마리안느 뒤비크	고래뱃속	가족, 평온한 일상, 동물
22		강아지똥 📖	권정생 글, 정승각 그림	길벗어린이	물건·무생물, 자연, 자기긍정
23		아기 늑대 세 마리와 못된 돼지	유진 트리비자스 글, 헬린 옥스버리 그림	시공주니어	다양성, 동물, 친구
24		대추 한 알 📖	장석주 글, 유리 그림	이야기꽃	자연, 잔잔함, 언어 표현·문학·문장
25		프레드릭	레오 리오니	시공주니어	문학, 동물, 협동
26		누에콩의 새 침대	나카야 미와	웅진주니어	친구, 배려, 식물
27		여기서 기다릴게	도요후쿠 마키코	천개의 바람	물건·무생물, 친구, 사랑
28		손 큰 할머니의 만두 만들기	채인선 글, 이억배 그림	재미마주	협동, 음식, 동물
29		이게 정말 나일까?	요시타케 신스케	주니어김영사	자기소개, 성장, 논픽션
30		치과 의사 드소토 선생님 📖	윌리엄 스타이그	비룡소	유머, 지혜, 동물
31		까만 크레파스	나카야 미와	웅진주니어	물건·무생물, 그림, 자기긍정
32		물의 공주	수전 베르데 글, 피터 H. 레이놀즈 그림	크레용하우스	논픽션, 세계, 사회문제
33		행복을 나르는 버스	맷 데 라 페냐 글, 크리스티안 로빈슨 그림	비룡소	조부모, 다양성, 감사
34		아씨방 일곱 동무 📖	이영경	비룡소	옛이야기, 협동, 물건 세상
35		진짜 투명인간 📖	레미 쿠르종	씨드북	친구, 다양성, 예술
36		만복이네 떡집 📖	김리리 글, 이승현 그림	비룡소	학교, 음식, 성장
37		안녕, 나의 등대	소피 블랙올	비룡소	잔잔함, 가족, 자연
38		아름다운 가치사전 📖	채인선 글, 김은정 그림	한울림어린이	배려, 교훈, 감사
39		도서관에 간 사자	미셸 누드슨 글, 케빈 호크스 그림	웅진주니어	규칙, 동물, 책
40		마음의 집	김희경 글, 이보나 흐미엘레프스카 그림	창비	마음, 성장, 공감

번호	단계	제목	작가	출판사	키워드
41		나는 강물처럼 말해요	조던 스콧 글, 시드니 스미스 그림	책읽는곰	성장, 논픽션, 아빠
42		쿵푸 아니고 똥푸	차영아 글, 한지선 그림	문학동네	단편집, 모험, 성장
43		42가지 마음의 색깔	크리스티나 누녜스 페레이라&라파엘 R. 발카르셀	레드스톤	언어 표현·문학·문장, 감정, 교훈
44		내가 나라서 정말 좋아	김지윤 글, 하꼬방 그림	길벗	언어 표현·문학·문장, 자기긍정, 교훈
45		경주 최씨 부자 이야기	조은정 글, 여기 그림	여원미디어	논픽션, 역사, 교훈
46		멋진 여우 씨	로알드 달 글, 퀸틴 블레이크 그림	논장	판타지, 동물, 협동
47		학교 가기 싫은 아이들이 다니는 학교	송미경 글, 윤지 그림	웅진주니어	성장, 학교, 판타지
48		이야기 할아버지의 이상한 밤	임혜령 글, 류재수 그림	한림출판사	옛이야기, 자연, 언어 표현·문학·문장
49		시끄러운 쥐, 쩌렁이	리처드 윌버 글, 김효은 그림	친개의 바람	용기, 동물, 다양성
50		장래 희망이 뭐라고?	전은지 글, 김재희 그림	책읽는곰	자기긍정, 목표·꿈, 가족
51	3 단 계	조금만 기다려	레이철 윌리엄스 글, 리어니 로드 그림	아이스크림 미디어	자연, 논픽션, 지혜
52		생각을 모으는 사람	모니카 페트 글, 안토니 보라틴스키 그림	풀빛	언어 표현·문학·문장, 다양성, 지혜
53		웨슬리나라	폴 플레이쉬만 글, 케빈 호크스 그림	비룡소	다양성, 천재, 흥미로움
54		삼백이의 칠일장	천효정 글, 최미란 그림	문학동네	옛이야기, 동물, 지혜
55		내 멋대로 친구 뽑기	최은옥 글, 김무연 그림	주니어김영사	친구, 성장, 자기긍정
56		행복한 청소부	모니카 페트 글, 안토니 보라틴스키 그림	풀빛	성장, 예술, 교훈
57		잘못 뽑은 반장	이은재 글, 서영경 그림	주니어김영사	믿음, 학교, 성장
58		13일의 단톡방	방미진 글, 국민지 그림	상상의집	친구, 사회문제, 학교
59		세금 내는 아이들	옥효진 글, 김미연 그림	한경키즈	학교, 사회, 규칙
60		분홍문의 기적	강정연 글, 김정은 그림	비룡소	가족, 성장, 판타지
61	4 단 계	구멍 난 벼루	배유안 글, 서영아 그림	토토북	역사, 예술, 사제지간
62		빨강 연필	신수현 글, 김성희 그림	비룡소	학교, 고민, 언어 표현·문학·문장
63		수상한 아파트	박현숙 글, 장서영 그림	북멘토	추리, 소통, 사회문제

번호	단계	제목	작가	출판사	키워드
64	4 단 계	말 안 하기 게임	앤드루 클레먼츠	비룡소	학교, 규칙, 언어 표현·문학·문장
65		마지막 이벤트	유은실 글, 강경수 그림	비룡소	가족, 훈훈함, 성장
66		바꿔!	박상기 글, 오영은 그림	비룡소	판타지, 가족, 성장
67		10대를 위한 JUSTICE 정의란 무엇인가	마이클 샌델, 신현주 글, 조혜진 그림	미래엔아이세움	논픽션, 사회, 지혜
68		고양이 섬	이귤희 글, 박정은 그림	해와나무	동물, 사회문제, 모험
69		불량한 자전거 여행	김남중 글, 허태준 그림	창비	모험, 성장, 가족
70		5번 레인	은소홀 글, 노인경 그림	문학동네	경기, 성장, 사랑
71		갈매기에게 나는 법을 가르쳐 준 고양이 📖	루이스 세뿔베다 글, 이억배 그림	바다출판사	동물, 자연보호, 친구
72		마녀 배달부 키키	가도노 에이코 글, 하야시 아키코 그림	소년한길	판타지, 성장, 마법
73		마당을 나온 암탉 📖	황선미 글, 김환영 그림	사계절	사랑, 동물, 용기
74		몬스터 차일드	이재문 글, 김지인 그림	사계절	다양성, SF, 성장
75		책과 노니는 집 📖	이영서 글, 김동성 그림	문학동네	언어 표현·문학·문장, 역사, 책
76		찰리와 초콜릿 공장	로알드 달 글, 퀸틴 블레이크 그림	시공주니어	모험, 욕망, 음식
77		악당의 무게	이현 글, 오윤화 그림	휴먼어린이	동물, 사회문제, 용기
78		소리 질러, 운동장	진형민 글, 이한솔 그림	창비	경기, 협동, 고민
79		내일	시릴 디옹&멜라니 로랑 글, 뱅상 마에 그림	한울림어린이	교훈, 사회문제, 자연보호
80		열세 번째 아이	이은용 글, 이고은 그림	문학동네	SF, 친구, 사회문제
81	5 단 계	거짓말 학교	전성희 글, 소윤경 그림	문학동네	판타지, 추리, 학교
82		체리새우: 비밀글입니다	황영미	문학동네	친구, 학교, 고민
83		청소년을 위한 코스모스	에마뉘엘 보두엥&카트린 에벙 보두엥	생각의길	논픽션, 자연, 역사
84		이토록 공부가 재미있어지는 순간	박성혁	다산북스	논픽션, 자기긍정, 고민
85		열세 살 우리는	문경민 글, 이소영 그림	우리학교	사회문제, 친구, 고민
86		켄즈케 왕국	마이클 모퍼고 글, 마이클 포맨 그림	풀빛	모험, 고독, 사랑
87		가짜 모범생	손현주	특별한서재	목표·꿈, 고민, 사회문제

번호	단계	제목	작가	출판사	키워드
88	5단계	파리 잡기 대회	실비아 맥니콜	책과콩나무	노력, 교훈, 경기
89		고요한 우연	김수빈	문학동네	잔잔함, 친구, 성장
90		죽이고 싶은 아이	이꽃님	우리학교	추리, 친구, 반전
91		시간을 파는 상점 📖	김선영	자음과모음	추리, 연대, 학교
92		비스킷	김선미	위즈덤하우스	판타지, 사회문제, 배려
93		순례 주택	유은실	비룡소	긍정적, 사회문제, 다양성
94		언젠가 우리가 같은 별을 바라본다면	차인표	해결책	사랑, 역사, 교훈
95		괭이부리말 아이들	김중미 글, 송진헌 그림	창비	연대, 빈곤, 친구
96		아몬드	손원평	다즐링	사회문제, 친구, 성장
97		나는 옐로에 화이트에 약간 블루	브래디 미카코	다다서재	논픽션, 세계, 평등
98		기억 전달자	로이스 로리	비룡소	SF, 사랑, 성장
99		가무사리 숲의 느긋한 나날	미우라 시온	청미래	사제지간, 성장, 자연
100		모모	미하엘 엔데	비룡소	판타지, 모험, 지혜

아이의 평생을 지켜 주는

빠져드는
우리 집 독서

초판 1쇄 펴낸날 2026년 2월 20일

지은이 사사누마 소타
옮긴이 이정미
펴낸이 허주환, 현준우

총괄 김현지   **책임편집** 정수경   **객원편집** 심은정   **편집** 최은지
마케팅 윤유림, 정원식   **디자인** 곰곰사무소   **제작** 이정수, 박지수

펴낸곳 ㈜아이스크림미디어
출판등록 2007년 3월 3일(제2011-000095호)
주소 13494 경기도 성남시 분당구 판교역로 225-20(삼평동)
전화 031-785-8988   **팩스** 02-6280-5222
전자우편 books@i-screammedia.com
홈페이지 www.i-screammedia.com
인스타그램 @iscream_book   **블로그** blog.naver.com/iscream_book

ISBN 979-11-5929-533-1 (13590)